普通高等教育农业部"十三五"规划教材《植物生理学》(第3版)配套教材
高等农林教育"十三五"规划教材

植物生理学学习指导

第 2 版

刘亚军　主编

中国农业大学出版社
·北京·

内 容 简 介

本书是王云生、蔡永萍主编的普通高等教育农业部"十三五"规划教材《植物生理学》(第 3 版)(中国农业大学出版社,2019)的配套学习指导书。全书章节安排与主教材一致。各章内容包括学习目的与要求、重点和难点、学习要点、自测题、自测题参考答案。书末有两套模拟试卷,并给出了参考答案。本书可为本科生学习植物生理学提供辅导,同时也可供相关领域的研究生和科技工作者参考。

图书在版编目(CIP)数据

植物生理学学习指导 / 刘亚军主编. —2 版. — 北京:中国农业大学出版社,2018.12
ISBN 978-7-5655-2156-0

Ⅰ.①植…　Ⅱ.①刘…　Ⅲ.①植物生理学－高等学校－教学参考资料　Ⅳ.①Q945

中国版本图书馆 CIP 数据核字(2018)第 284005 号

书　名 植物生理学学习指导　第 2 版	
作　者 刘亚军　主编	
策划编辑 张秀环	**责任编辑** 王艳欣
封面设计 郑　川	
出版发行 中国农业大学出版社	
社　址 北京市海淀区圆明园西路 2 号	**邮政编码** 100193
电　话 发行部 010-62818525,8625	**读者服务部** 010-62732336
编辑部 010-62732617,2618	**出　版　部** 010-62733440
网　址 http://www.caupress.cn	**E-mail** cbsszs @ cau.edu.cn
经　销 新华书店	
印　刷 涿州市星河印刷有限公司	
版　次 2018 年 12 月第 2 版　2018 年 12 月第 1 次印刷	
规　格 787×1 092　16 开本　10.75 印张　260 千字	
定　价 30.00 元	

图书如有质量问题本社发行部负责调换

第2版编写人员

主　　编　　刘亚军（安徽农业大学）

副主编　　张玉琼（安徽农业大学）

　　　　　李　玲（合肥师范学院）

　　　　　武健东（安徽农业大学）

编　　者　（按编写章次先后排序）

　　　　　宗　梅（安庆师范学院）

　　　　　王征宏（河南科技大学）

　　　　　高丽萍（安徽农业大学）

　　　　　王云生（安徽农业大学）

　　　　　刘亚军（安徽农业大学）

　　　　　武健东（安徽农业大学）

　　　　　李　玲（合肥师范学院）

　　　　　黄守程（安徽科技学院）

　　　　　司伟娜（安徽农业大学）

　　　　　张玉琼（安徽农业大学）

　　　　　钱玉梅（宿州学院）

　　　　　叶梅荣（安徽科技学院）

　　　　　史刚荣（淮北师范大学）

　　　　　高俊山（安徽农业大学）

　　　　　蔡　健（阜阳师范大学）

　　　　　蔡永萍（安徽农业大学）

　　　　　尹彩萍（安徽农业大学）

第1版编写人员

主　编　王云生（安徽农业大学）

副主编　高俊山（安徽农业大学）

张玉琼（安徽农业大学）

李　玲（合肥师范学院）

编　者　（按编写章次先后排序）

王云生（安徽农业大学）

张云华（安徽农业大学）

黄守程（安徽科技学院）

高丽萍（安徽农业大学）

王征宏（河南科技大学）

刘亚军（安徽农业大学）

钱玉梅（宿州学院）

张玉琼（安徽农业大学）

李　玲（合肥师范学院）

高俊山（安徽农业大学）

蔡　健（阜阳师范大学）

蔡永萍（安徽农业大学）

魏晓飞（安徽农业大学）

武健东（安徽农业大学）

赵良霞（安徽农业大学）

第2版前言

　　植物生理学是高等农林院校生物类专业和植物生产类各专业的一门重要专业基础课。《植物生理学学习指导》(第2版)根据高等农林院校和综合性大学生物类专业植物生理学的教学基本要求,按照王云生、蔡永萍主编的《植物生理学》(第3版)(中国农业大学出版社,2019)章节体系编写。

　　本书编写内容主要参考了《植物生理学》(第3版)(王云生、蔡永萍主编,中国农业大学出版社,2019)、《现代植物生理学》(第3版)(李合生主编,高等教育出版社,2012)、《植物生理学》(第2版)(王忠主编,中国农业出版社,2012)、《植物生理学》(第7版)(潘瑞炽、王小菁、李娘辉主编,高等教育出版社,2012)、《植物生理学》(第3版)(武维华主编,科学出版社,2018)、《植物生理学》(第3版)(王宝山主编,科学出版社,2017)。

　　本书内容主要涉及植物的水分与矿质吸收和利用、光合作用、物质和能量代谢、植物的生长发育、逆境生理等。各章由学习目的与要求、重点和难点、学习要点、自测题、自测题参考答案组成。题型分名词解释、填空题、单项选择题、判断题、解释现象和问答题。

　　本书可供综合性大学、师范大学和高等农林院校中相关专业的在校本科生学习植物生理学课程和硕士研究生报考复习时使用,也可供任课教师出试题时参考。本书对函授、自学、专升本等各类人员的植物生理学课程学习和备考也有很大的帮助。

　　本书编写分工如下:绪论、第1~3章、模拟试卷由宗梅、王征宏、高丽萍、王云生、刘亚军编写;第4、5章由武健东、李玲、黄守程、刘亚军编写;第6、7章由司伟娜、张玉琼、李玲、武健东、钱玉梅编写;第8、9章由叶梅荣、史刚荣、高俊山、蔡健、蔡永萍编写;全书统稿校对由刘亚军、李玲、张玉琼、武健东、尹彩萍完成。

　　本书再版得到安徽农业大学教务处、教材中心和中国农业大学出版社的大力支持和帮助,并提出了许多宝贵的修改意见,深表谢意。

　　在修订再版过程中,编者根据多年教学经验及本书第1版使用过程中存在的一些不足,删繁就简,根据章节知识点扩充题量,力图不断提高质量,但由于编者水平有限,书中定有不妥或错漏之处,敬请广大读者批评指正。

编　者

2018年9月

第 1 版前言

植物生理学是高等农林院校生物类专业和植物生产类各专业的一门重要专业基础课。近年来,随着分子生物学、生物信息学、基因组学、蛋白组学及环境生态学等研究的迅速发展,植物生理学教学内容不断充实、修改和更新。随着学科的发展,新知识、新理论不断涌现,植物生理学教学内容庞大。另一方面,随着安徽农业大学本科生教学学分制改革的深入,课程标准化、小型化的完善,教学时数有限。为了适应植物生理学学科发展和高校人才培养"高素质、厚基础、强能力、广适应"的需求,我们编写了《植物生理学学习指导》一书。

本书编写内容主要参考了普通高等学校精品课程建设教材《植物生理学》(蔡永萍主编,中国农业大学出版社,2014)、面向21世纪课程教材《现代植物生理学》(李合生主编,高等教育出版社,2008)、"九五"国家级重点教材《植物生理学》(王忠主编,中国农业出版社,2009)、高等学校教材《植物生理学》(第6版)(潘瑞帜主编,高等教育出版社,2008)、普通高等教育"十一五"国家级规划教材《植物生理学》(第2版)(武维华主编,科学出版社,2009)。

本书内容主要涉及植物的物质吸收和利用、光能利用、物质和能量代谢、植物的生长发育、逆境生理等。本书编写分工如下:绪论和第1、2、3、7章由王云生、张云华、黄守程、高丽萍、王征宏编写,第4、8章由刘亚军、钱玉梅、王征宏编写,第5、6章由张玉琼、李玲编写,第9、10章由高俊山、蔡健、蔡永萍编写。全书统稿校对由魏晓飞、武健东、赵良霞完成。各章由学习要点、重点和难点、自测题、自测题参考答案组成。题型分名词解释、填空题、选择题、判断题、解释现象和问答题。书末附有例卷,供读者自测检查用。

本书的出版得到安徽农业大学教务处、教材中心和中国农业大学出版社的大力支持和帮助,并提出了许多宝贵的修改意见,深表谢意。

由于编者的水平和知识有限,时间仓促,书中一定会存在一些缺点和错误,敬请广大读者批评指正。

编　者

2013 年 10 月

目 录

第7章　植物的生殖生理 · 90

绪　论

【学习目的与要求】

通过本章学习,掌握植物生理学的概念;了解本课程的任务、内容、发展历程及在农业生产中的作用。

【重点和难点】

重点

(1)植物生理学的研究内容及特点;(2)21世纪植物生理学的发展趋势。

【学习要点】

0.1　植物生理学的研究内容

植物生理学是研究植物生命活动规律的科学。植物生理学的主要任务是研究植物生命活动规律,揭示其生命现象的本质;同时研究植物与外界环境的相互关系,并为生产实际服务。

植物生理学的研究对象主要是高等绿色植物,主要研究内容包括物质代谢与能量代谢、信息传递和信号转导、植物生长发育与形态建成和植物逆境生理等4个方面。

0.2　植物生理学的发展阶段

植物生理学的产生和发展可分为以下三个阶段:

(1)孕育阶段(16—17世纪)　该阶段对植物的营养来源、植物蒸腾及植物的光合作用进行了初步研究,建立起空气营养的概念。

(2)诞生与成长阶段(18—19世纪)　德国化学家J. von Liebig奠定了化学施肥的基础;德国植物生理学家J. Sachs的《植物生理学讲义》(1882)和W. Pfeffer的三卷本专著《植物生理学》(1904)的问世,标志着植物生理学独立成为一门新兴的学科。

(3)发展与壮大阶段(20世纪至今)　20世纪是科学技术突飞猛进的世纪,随着物理学和化学理论成果的取得和实验技术的发展,植物生理学的各个领域在这个时期都有突破性发展。

由于历史原因,我国植物生理学的发展起步较晚,"文化大革命"期间停顿了10多年,相对西方国家有一定的差距,但改革开放后,随着我国科研水平的提高,植物生理学的研究内容不断拓宽与深入,有些工作在国际植物生理学领域中已经占有一席之地。

0.3　21世纪植物生理学的发展趋势

植物生理学起源于农业生产活动,大致分为孕育阶段、诞生与成长阶段、发展与壮大阶段等3个时期。近年来,植物生理学向微观和宏观两方面迅速发展,有以下四大特点:

(1)研究的深度和广度拓展。

(2)学科之间相互渗透。

(3)理论联系实际。

(4)研究手段现代化。

0.4　学习植物生理学的意义和方法

学习植物生理学的意义,不只是为了了解植物生命活动的规律,更重要的在于为植物生产实践服务。学好植物生理学,必须要有正确的观点和学习方法。学习植物生理学时,应注意课堂学习和课后试题练习相结合,巩固和串联知识点;通过实验或研究项目理论联系实际,做到学有所用,学以致用。

【自测题】

一、名词解释

1. 植物生理学;2. 信息传递;3. 信号转导;4. 形态建成。

二、填空题

1. 建立砂培试验法的是_____;利用化学肥料的创始人是_____。

三、问答题

1. 植物生理学研究的内容和任务是什么?

2. 21世纪植物生理学的发展趋势如何?

3. 为什么说"植物生理学是合理农业的基础、是植物生产业的支柱"?

【自测题参考答案】

一、名词解释

1. 植物生理学(plant physiology):是研究植物生命活动规律的科学。植物生理学的主要任务是研究植物生命活动规律,揭示其生命现象的本质;同时研究植物与外界环境的相互关系,并为生产实际服务。

2. 信息传递(message transportation):是指物理或化学信号在器官或组织水平的传递。

3. 信号转导(signal transduction):主要指在细胞水平上偶联细胞内外信号刺激,引起特定生理效应的一系列分子反应机制。

4. 形态建成(morphogenesis):指植物在物质代谢和能量代谢的基础上发生的大小、形态结构和功能方面的变化。

二、填空题

1. G. Boussingault(布森戈)，J. von Liebig(李比希)。

三、问答题

1. 植物生理学研究的内容和任务是什么？

答：植物生理学的研究对象主要是高等绿色植物，主要研究内容包括物质代谢与能量代谢、信息传递和信号转导、植物生长发育与形态建成和植物逆境生理等4个方面。

植物生理学研究的任务是：联系生产实际，开展科学实验，充分利用分子生物学等先进技术，研究植物生命活动规律，同时研究植物与外界环境的相互关系，为生产实际服务。

2. 21世纪植物生理学的发展趋势如何？

答：(1)研究的深度和广度拓展　随着生命科学特别是分子生物学的快速发展而拓宽和深入。对植物生命活动本质的认识已经从整体、器官、细胞水平深入到分子水平，从生命活动的描述、组成成分分析深入到动态机理和调控过程的认识。在分子水平(基因表达与调控)上探讨植物生命活动的规律，使植物生理学研究领域更广阔，机制分析更深入；在宏观领域，植物生理学与环境科学、生态学等紧密结合，转向从生物圈及群体的角度进行综合研究，并对各种外界环境因子与植物生命活动的相互影响进行更深入的研究。

(2)学科之间相互渗透　随着科学的发展，学科之间相互渗透、相互借鉴。在宏观领域，植物生理学的研究与生态学及环境科学相结合，形成了一些新的边缘学科，如植物生理生态学(physiological plant ecology)、植物环境生理学(environmental plant physiology)、植物群体生理学、植物生长发育的数学模拟等。

(3)理论联系实际　植物生理学是合理农业的基础。植物生理学的研究技术和成果为解决农业生产中的重大问题提供理论基础。如：植物生理学与栽培农业相结合，出现了作物产量生理学、光合作用与作物高产、植物逆境生理学、环境生理学等领域；植物生理学与育种学相结合——作物生理育种，有高产育种、抗病育种、品质育种、作物杂种优势等方向。

(4)研究手段现代化　由于实验技术的发展，仪器设备越来越精密和自动化，如同位素技术、电子显微镜技术、X射线衍射技术、超离心技术、色谱技术、电泳技术以及近年来发展起来的计算机图像处理技术、激光共聚焦显微镜技术、膜片钳技术等，为植物生理学的研究提供了极大的方便。在农田群体、植物群落和生态系统中，越来越多地运用数学方法和计算机手段，直至与遥感技术相结合，来分析作物群体发展的趋势、预测产量、预报生态系统的发展动态等。

3. 为什么说"植物生理学是合理农业的基础、是植物生产业的支柱"？

答：(1)植物生理学与农作物生产　植物生理学最突出的贡献是对农作物生产的影响。20世纪中期，从提高光合效率出发培育出的矮秆、紧凑型作物品种引起作物生产的"绿色革命"，使小麦、水稻、玉米等的产量大幅度提高。而通过细胞融合、基因工程等新的育种技术完全有可能培育出光合效率更高的农作物新品种。

植物抗性生理及相关分子生物学的研究，使植物抵抗旱、涝、盐、冷、热、病的生理和分子机理逐渐明朗，培育各种高抗逆农作物不仅可以大幅度提高粮食总产，还有可能使荒漠、盐滩变为生态绿洲。

植物矿质营养、设施栽培和薄膜覆盖技术的研究与应用，使得蔬菜反季节栽培、无土工业化生产成为可能,并对合理施肥、提高作物产量做出了贡献。

  植物生长发育代谢调控机制的研究,结合分子育种技术,有可能有目的地改造农作物的物质代谢调控,从而达到改善农产品营养品质的目的。

  (2)植物生理学与园林业生产 植物激素的研究推动了生长调节剂的人工合成及应用,为打破休眠、控制生长、调节花果形成、防止花果等器官脱落、促进插条生根等开辟了新途径。

  细胞全能性理论的确立和组织培养技术的发展,为发展花药育种、原生质体培养、细胞杂交融合、基因导入等育种新方法提供了基础,为花卉、果树和林木的工厂化快速繁殖、脱除病毒等提供了可靠途径。

  (3)植物生理学与农产品的贮藏保鲜 农产品收获后的贮藏保鲜技术主要是依据植物呼吸过程的调控原理而建立起来的。在低温、干燥、低氧等环境条件下,植物组织、器官的呼吸作用得到有效抑制,从而可以有效延长农产品的贮藏时间。同时,植物生物技术的发展和果蔬采后生理生化变化及调控机理的研究,通过控制乙烯的合成、培育耐贮存品种等,结合环境因素的控制,使农产品较长期保质、保鲜成为现实。

  总之,植物生理学与生产实践具有多方面的密切关系,未来植物生理学的应用将不仅在产量方面,而且更多地在品质方面为人类生活做出巨大贡献。

第1章 植物的水分生理

【学习目的与要求】

通过本章学习,主要理解植物对水分的吸收、运输、利用和散失的基本过程,即水分代谢的基本原理;了解水的生理生态作用及在植物中的存在状态;掌握植物细胞吸水特点,水势的概念及植物细胞水势的组分,植物根系对水分的吸收机制及其影响因素,蒸腾作用的意义、特点、机制及其影响因素;了解水分传导和散失的过程和机制;了解水分在植物生命活动中的作用及合理灌溉的植物生理基础。

【重点和难点】

重点

(1)植物细胞对水分的吸收;(2)植物根系对水分的吸收;(3)植物的蒸腾作用;(4)内聚力学说。

难点

(1)水势的概念,典型细胞的水势组成;(2)气孔运动机理。

【学习要点】

1.1　水分在植物生命活动中的作用

水是植物细胞的重要组成部分。植物的含水量占组织鲜重的70%～90%。植物含水量与植物种类、生长环境、组织和器官特点等有关。水参与植物体内许多生理生化过程,如有机物质的合成和分解、光合作用和呼吸作用等。水是生理生化反应和物质运输的介质。水能维持植物组织和细胞的紧张度,从而保持植物的固有姿态,有利于植物生长发育的进行。水还可以调节植物体温和环境气候。

植物细胞中的水分通常有两种存在状态,即束缚水和自由水。自由水与束缚水的比值(自由水/束缚水)可作为代谢活动和抗逆性强弱的重要生理指标。

1.2　植物细胞对水分的吸收

化学势(chemical potential)用来描述体系中各组分发生化学反应的本领及转移的潜在能力。水势(water potential)是指在等温等压下,体系中每偏摩尔体积的水与纯水之间的化学势差,用符号 ψ_w 表示。

典型细胞的水势组成为:$\psi_w = \psi_s + \psi_p + \psi_m$,式中 ψ_s(或 ψ_π)为渗透势,ψ_p 为压力势,ψ_m 为衬质势。成熟细胞的水势由液泡水势来代替,而成熟细胞的衬质势可忽略不计,因此有 $\psi_{w细胞} = \psi_{w液泡} = \psi_s + \psi_p$。

植物细胞的水分运输取决于细胞间的水势差。植物细胞主要的吸水方式可分为以下三种：渗透吸水、吸胀吸水和降压吸水。渗透吸水是有液泡细胞的主要吸水方式；吸胀吸水是无液泡的分生组织和干燥种子细胞的主要吸水方式。目前，在许多动植物及微生物中相继发现类似的专一性运输水的膜蛋白，统称水通道蛋白。

1.3 植物根系对水分的吸收

植物可以通过地下部分和地上部分吸水，但主要通过地下部分的根系吸水。根毛区是根系吸水的主要部位。根系吸水方式包括被动吸水和主动吸水两种。被动吸水是由于地上部的蒸腾作用而引起的根系吸水，其驱动力是蒸腾拉力，是根系吸水的主要方式。主动吸水是由于根系本身的生理活动而引起的根系吸水，其驱动力是根压。伤流和吐水是证实根压存在的两种生理现象，可作为根系生理活动的指标。水分在根部径向运输到导管的途径有质外体途径、共质体途径和跨细胞途径。影响根系吸水的土壤因子主要包括土壤水分状况、土壤溶液浓度、土壤温度、土壤通气状况等。

1.4 植物的蒸腾作用

蒸腾作用是指植物体内的水分以气体状态通过植物体表，从体内散发到体外的现象。常用的蒸腾作用的指标包括蒸腾速率、蒸腾效率和蒸腾系数。植物蒸腾作用的方式包括皮孔蒸腾和叶片蒸腾（气孔蒸腾和角质层蒸腾），其中气孔蒸腾约占总蒸腾量的90%。气孔蒸腾对地球上的碳氧平衡、水分平衡和植物的生命活动均起很大作用。气孔蒸腾遵循小孔扩散律，即水分通过小孔的扩散速率不与小孔面积成比例，而与小孔周长成正比。保卫细胞吸水膨胀是引起气孔运动的原因。目前有关气孔运动机理（图1-1），有以下三种学说：淀粉-糖转化学说、苹果酸代谢学说和离子泵学说。凡是改变水蒸气扩散力和扩散阻力的因素都可以对蒸腾作用产生影响。影响蒸腾作用的主要环境因素有光照、大气温度、大气湿度和风速等。

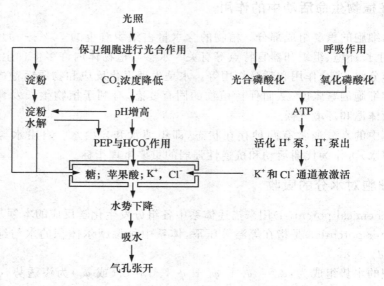

图1-1　气孔运动机理（引自蔡永萍，2014）
PEP：磷酸烯醇式丙酮酸　ATP：三磷酸腺苷

1.5 土壤-植物-大气连续系统

由土壤、植物和大气组成的连续系统,向下包括土壤根系层,向上包括大气圈的对流层。具体运输途径是:土壤水分被根系表皮和根毛吸收—根皮层细胞—中柱鞘薄壁细胞—根导管(管胞)—茎导管(管胞)—叶柄导管(管胞)—叶脉导管(管胞)—叶肉细胞—叶肉细胞间隙—气孔下腔—大气。这一水分转移过程是由水势差决定的。一般来说,土壤水势>植物根水势>茎木质部水势>叶片水势>大气水势,使根系吸收的水分不断运往地上部分。水分在导管或管胞中的运输是一种集流,其上升的动力是由根压和蒸腾拉力造成的压力梯度。"内聚力学说"认为,水分子的内聚力大于张力,可以保持导管或管胞中水柱的连续性。

1.6 合理灌溉的生理基础

不同作物需水量不同,同一作物在不同生育期需水量也不同。水分临界期通常是指植物在生命周期中对水分缺乏最敏感和最易受害的时期。指导灌溉的指标包括:形态指标和生理指标。其中,生理指标能够灵敏地反映植物体内水分状况。喷灌和滴灌等新型的灌溉方式已经推广使用,大大提高了我国农业的水分利用率。节水农业和旱地农业都可以称为高水效农业。高水效农业是指同时追求和实现单位耗水的高水分利用效率、高经济效益、高生态及社会效益的一种新型农业体系。

【自测题】

一、名词解释

1. 水分代谢;2. 束缚水;3. 自由水;4. 水势;5. 渗透势;6. 压力势;7. 衬质势;
8. 渗透作用;9. 集流;10. 渗透吸水;11. 质壁分离;12. 吸胀作用;13. 吸胀吸水;
14. 降压吸水;15. 水通道蛋白;16. 质外体;17. 共质体;18. 被动吸水;19. 主动吸水;
20. 根压;21. 蒸腾拉力;22. 伤流;23. 吐水;24. 永久萎蔫;25. 永久萎蔫系数;
26. 蒸腾作用;27. 蒸腾速率;28. 蒸腾效率;29. 水分利用效率;30. 蒸腾系数;
31. 小孔扩散律;32. 土壤-植物-大气连续系统;33. 内聚力学说;34. 水分临界期;
35. 生理需水;36. 生态需水;37. 低渗溶液;38. 高渗溶液;39. 等渗溶液;
40. 合理灌溉;41. 内聚力;42. 田间持水量。

二、填空题

1. 植物组织中的水分,依据其存在状态可分为_____和_____。两者的含量及比值常与植物的生长和抗逆性有密切关系。当_____高时,细胞原生质呈_____状态,植物的代谢活性_____,生长较快,抗逆性_____;反之,细胞原生质呈_____状态,代谢活性_____,生长迟缓,但抗逆性_____。

2. 植物体内水分运动方式包括_____和_____;植物细胞的三种吸水方式是_____、_____和_____;有液泡细胞的主要吸水方式是_____;无液泡的分生组织和干燥种子细胞的主要吸水方式是_____。

3. 一个典型的植物细胞的水势等于_____;细胞水势不是固定不变的,ψ_p 及 ψ_s 随含水量增加而_____,细胞吸水能力则相应_____。当细胞吸水达紧张状态,$\psi_w = 0$

时,即使细胞在_____中亦不能吸水。细胞失水时,随着含水量减少,其水势亦_____,吸水能力又_____。

4. 将一植物细胞放入 $\psi_w = -0.8$ MPa 的溶液(溶液体积远远大于植物细胞)中,吸水达到平衡时,测得细胞的 $\psi_s = -0.95$ MPa,则该细胞的 ψ_p 为_____,ψ_w 为_____。

5. 写出当植物细胞水势取下列不同值时的细胞水分状态:

(1) $\psi_w = 0$,$|\psi_p| = |\psi_s|$,_____;

(2) $\psi_p = 0$,$\psi_w = \psi_s$,_____;

(3) $\psi_p > 0$,$\psi_w > \psi_s$,_____;

(4) $\psi_p < 0$,$\psi_w < \psi_s$,_____。

6. 将一植物细胞放入纯水(体积很大)中,达到平衡时测得其 $\psi_s = -0.26$ MPa,那么该细胞的 ψ_p 为_____,ψ_w 为_____。

7. 利用质壁分离现象可以判断细胞的_____,测定细胞的_____,以及观测物质透过细胞膜至液泡膜之间的原生质层的难易度。

8. _____和_____是植物根压存在的两种表现。根系吸水动力有_____和_____两种。前者与_____有关,后者则与_____有关。

9. 植物体内水分运输阻力最大的部位是_____,阻力最小的部位是_____。

10. 径向运输过程中有三种并列的途径:_____、_____和_____途径。

11. 水在植物体内移动有_____和_____两种形式,水的共质体运输以及叶片的蒸腾作用都是_____形式,而植物维管束中水的流动主要是_____形式。

12. _____用来表明植物可利用土壤水的下限,_____是大多数植物可利用的土壤水上限。

13. 土壤中可溶性盐类过多而使根系吸水困难,造成植物体内缺水,这种现象称为_____。

14. 农业生产上造成盐害的原因是大量灌溉后,随着蒸发和植物的蒸腾,带走了土中的纯水,留下大量的_____在土壤中,尤其在气候_____地区,盐渍化日趋严重。

15. 植物叶片的蒸腾方式可分为_____和_____。

16. 蒸腾作用常用的指标有_____、_____和_____。

17. 蒸腾速率大小取决于植物叶肉内的气室和外界空气间的蒸汽压差。蒸汽压差_____时,蒸腾速率_____,反之则_____。

18. 保卫细胞的 pH_____,K^+_____,淀粉含量_____,蔗糖含量_____,苹果酸含量_____等,都可导致细胞的 ψ_s_____,细胞_____,膨压发生变化,从而使气孔张开。

19. 与气孔开闭密切相关的激素是_____和_____,相关的金属离子是_____和_____。参与气孔运动渗透调节的金属离子是_____,作为第二信使参与气孔运动调节的金属离子是_____。

20. 某一植物每制造 1 g 干物质需耗水 500 g,其蒸腾效率与蒸腾系数分别为_____和_____。

21. 土壤中的水分按其存在形态,可分为_____、_____和_____三种。

22. 越干旱的土壤其水势越_____;一般植物正常生长的土壤,其水势比植物的水势_____。

23. 水通道蛋白位于植物的_____和_____上。水通道蛋白的活化和抑制是依靠_____作用调节。水通过水通道蛋白的运动是一种_____。

24. 水分的跨膜运输,既包括依赖于_____,也包括通过_____。

三、单项选择题

1. 一般而言,冬季越冬作物组织内自由水/束缚水会(　　)。
(A)降低　　　　　(B)升高　　　　　(C)变化不大　　　　(D)不确定

2. 把 $\psi_s = -1.2$ MPa、$\psi_p = 0$ MPa 的细胞放入纯水中,设细胞体积无变化,在达到平衡时(　　)。
(A)$\psi_w = \psi_p$　　　　　　　　　　(B)$\psi_p = 1.2$ MPa
(C)$\psi_w < \psi_s$,$\psi_p < 0$ MPa　　　　(D) $\psi_p = 0$ MPa

3. 把 $\psi_s = -1.0$ MPa、$\psi_p = 0.4$ MPa 的细胞放入 $\psi_s = -0.2$ MPa 的溶液中,令细胞体积增加 2 倍,平衡时(　　)。
(A)$\psi_s = -0.2$ MPa　　　　　　　(B)$\psi_s = -0.5$ MPa
(C)$\psi_s = -1.0$ MPa　　　　　　　(D)$\psi_p = \psi_s$

4. 将一水分充分饱和的细胞放入比其细胞液浓度低 1/10 的溶液中,其体积(　　)。
(A)变大　　　　　(B)变小　　　　　(C)不变　　　　(D)变化无规律

5. 甲、乙两细胞相邻,其渗透势和压力势都是甲大于乙,水势则是甲小于乙,这时水分在两细胞间的流动取决于它们的(　　)。
(A)ψ_s　　　　　(B)ψ_p　　　　　(C)ψ_w　　　　(D)ψ_p 和 ψ_w

6. 若向日葵的某种细胞间隙的水势为甲,液泡水势为乙,细胞质水势为丙,当该细胞因缺水而萎蔫时,三者之间的水势关系是(　　)。
(A)甲>乙>丙　　(B)甲>丙>乙　　(C)乙>丙>甲　　(D)乙>甲>丙

7. 把体积相同的 10% 葡萄糖溶液和 10% 蔗糖溶液用半透膜隔开,水分移动方向是(　　)。
(A)葡萄糖溶液水分向蔗糖溶液移动　　(B)蔗糖溶液水分向葡萄糖溶液移动
(C)水分双向移动速率相等　　　　　　(D)不确定

8. 当细胞吸水,体积增至最大时(细胞不再吸水时),其 ψ_p 等于(　　)。
(A)$|\psi_w|$　　　　(B)$|\psi_s|$　　　　(C)$|\psi_m|$　　　　(D)$|\psi_s + \psi_m|$

9. 植物的水分临界期是指(　　)。
(A)植物对水分缺乏最敏感的时期　　(B)植物对水分需求最多的时期
(C)植物对水分利用率最高的时期　　(D)植物对水分需求由低到高的转折时期

10. 植物水分亏缺时,则(　　)。
(A)叶片含水量降低,水势降低,气孔阻力降低
(B)叶片含水量降低,水势降低,气孔阻力增高
(C)叶片含水量降低,水势升高,气孔阻力降低
(D)叶片含水量降低,水势升高,气孔阻力增高

11. 在气孔张开时,水蒸气分子通过气孔的扩散速度(　　)。
(A)与气孔面积成正比　　　　　　(B)与气孔密度有关
(C)与气孔周长成正比　　　　　　(D)与叶片形状有关

12. 水分在植物根与叶的活细胞间传导的方向取决于( )。

(A)细胞液的浓度　　　　　　　　　　　(B)相邻活细胞的 ψ_s 梯度

(C)相邻活细胞的 ψ_w 梯度　　　　　　　(D)活细胞的 ψ_w 高低

13. 种子萌发时开始的吸水是( )。

(A)渗透吸水　　　(B)代谢吸水　　　(C)吸胀吸水　　　(D)降压吸水

14. 利用小液流法测定组织水势的依据是( )。

(A) $\psi_{s外液}＝\psi_{s细胞}$　　　　　　　　(B) $\psi_{s外液}＝\psi_{w细胞}$

(C) $\psi_{s外液}＝\psi_{p细胞}$　　　　　　　　(D) $\psi_{s细胞}＝\psi_{p细胞}$

15. 水分在根内径向运输阻力最大的部位是( )。

(A)根的皮层　　　(B)根毛　　　(C)内皮层凯氏带　　　(D)中柱

16. 根系吸水能力最强的部位是( )。

(A)根冠　　　(B)根毛区　　　(C)伸长区　　　(D)分生区

17. 目前认为,与植物保卫细胞中水势变化有关的是( )。

(A) SO_4^{2-}　　　(B) CO_2　　　(C) Na^+　　　(D) K^+

18. 促进叶片气孔关闭的植物激素是( )。

(A)生长素　　　(B)赤霉素　　　(C)细胞分裂素　　　(D)脱落酸

19. 健康完整植株出现吐水现象的外界条件是( )。

(A)土壤水分充足,温度适宜,大气相对湿度较高

(B)土壤水分过多,通气不良

(C)土壤水势低,温度适宜

(D)大气相对湿度过低

20. 欲使发生质壁分离的细胞恢复原状,需提供的条件是( )。

(A)外界水势较低　　　(B)外界水势较高　　　(C)等渗溶液　　　(D)以上任一种

21. 据测定燕麦的蒸腾系数为 $638\ g\cdot g^{-1}$,则其蒸腾效率是( )。

(A) $1.6\ g\cdot kg^{-1}$　　　(B) $1.8\ g\cdot kg^{-1}$　　　(C) $2.2\ g\cdot kg^{-1}$　　　(D) $4.2\ g\cdot kg^{-1}$

22. 吐水是由于在高温高湿环境下( )。

(A)蒸腾拉力引起的　　　　　　　　　(B)根系生理活动的结果

(C)土壤水分太多　　　　　　　　　　(D)空气中水分太多

23. 风和日丽的情况下,植物叶片在早晨、中午和傍晚的水势变化趋势为( )。

(A)低—高—低　　　(B)高—低—高　　　(C)低—低—高　　　(D)高—高—低

24. 下列因素中哪一个对根毛吸收无机离子来说是最重要的?( )

(A)蒸腾速率　　　　　　　　　　　　(B)土壤无机盐的比例

(C)离子进入根毛的物理扩散速率　　　(D)根可利用的氧

四、判断题

1. 经过干旱锻炼的植物体内的束缚水含量相对降低,以适应逆境条件。( )

2. 风干种子的萌发、果实内种子的形成、休眠芽复苏等的吸水主要取决于衬质势的大小。( )

3. 豆类种子由于富含蛋白质,其吸胀作用小于禾谷类种子。( )

4. $1\ mol\cdot L^{-1}$ 蔗糖溶液的水势与 $1\ mol\cdot L^{-1}$ NaCl 溶液的水势是相等的。( )

5. 具有较高溶液浓度的细胞,与外界接触时便会发生吸水过程。(　　)

6. 当细胞水势等于外界水势时,水分不发生交换。(　　)

7. 压力势(ψ_p)与膨压相等。(　　)

8. 水通道蛋白具有"水泵"功能,利用 ATP 供能提高水分迁移的速率。(　　)

9. 水分通过根部内皮层只有通过共质体,因而内皮层对水分运输起着调节作用。(　　)

10. 植物根细胞的被动吸水就是根压吸水。(　　)

11. 植物体内水分、矿物质及有机物的长距离运输主要是在质外体中进行的。(　　)

12. 蒸腾作用旺盛的玉米和棉花中,水分移动以质外体途径为主。(　　)

13. 气孔是叶片吸收矿质元素的主要通道。(　　)

14. 蒸腾效率高的植物,一定是蒸腾量小的植物。(　　)

15. ABA 诱导气孔的开放。(　　)

16. 蒸腾拉力引起被动吸水,这种吸水与水势梯度无关。(　　)

17. 保卫细胞进行光合作用时,渗透势增高,水分进入,气孔张开。(　　)

18. 不同质地土壤的永久萎蔫系数有差异,但水势却基本相同。(　　)

19. 所有植物的气孔都是在光下开放。(　　)

20. 暂时萎蔫是植物对水分亏缺的一种适应性调节反应,对植物有利。(　　)

21. 深秋的早晨,树木花草叶面上有许多水滴,这种现象称为吐水。(　　)

22. 植物的渗透势等于其渗透压的负值,因此可用公式 $\psi_s = -iRTC$ 来计算。(　　)

五、解释现象

1. 植物在纯水中培养一段时间后,如果向培养植物的水中加入盐,则植物会出现暂时萎蔫。

2. 有收无收在于水。

3. "旱榨地,涝浇园"。

4. 夏季中午瓜类叶片萎蔫。

5. "烧苗"现象。

6. 秋季或初春移栽树木常剪去部分老叶片,保留部分幼叶和芽,易成活。

7. 植物受涝后,叶子为何会萎蔫或变黄?

8. 切花的茎或死亡的根也能吸水。

六、问答题

1. 植物体内水分存在的形式与植物的代谢、抗逆性有什么关系?

2. 如何区分主动吸水与被动吸水、永久萎蔫与暂时萎蔫?

3. 以下论点是否正确,为什么?

　　(1)一个细胞的溶质势与所处外界溶液的溶质势相等,则细胞体积不变。

　　(2)若细胞的 $\psi_p = -\psi_s$,将其放入某一溶液中时,则体积不变。

　　(3)若细胞的 $\psi_w = \psi_s$,将其放入纯水中,则体积不变。

4. 一组织细胞的 ψ_s 为 -0.8 MPa,ψ_p 为 0.1 MPa,在 27℃时,将该组织放入 0.3 mol·L^{-1} 的蔗糖溶液中,问该组织的重量或体积是增加还是减小?

5. 简述小液流法测定植物组织水势的原理。如果试验得到下面的结果,请计算出被测植物组织的水势。其中 $R = 0.0083$ L·MPa·mol^{-1}·K^{-1},CaCl$_2$ 解离常数 $i = 2.6$,温度 $t =$

27℃。如果想要获得该植物组织水势更准确的结果,应怎样进行下一步的实验设计(仍采用小液流法)?(设蔗糖解离常数为1)

项目	1号管	2号管	3号管	4号管	5号管	6号管	7号管
$CaCl_2$浓度/(mol·L^{-1})	0	0.05	0.10	0.15	0.20	0.25	0.30
蓝色液滴移动情况	↓	↓	↓	↓	↑	↑	↑

6. 什么叫质壁分离现象?什么叫质壁分离复原?利用质壁分离和质壁分离复原可以解决哪些问题?

7. 简述植物水通道蛋白的功能。

8. 试述水分进入植物体内的全过程及其动力。

9. 从结构和代谢角度论述气孔开闭的机理。

10. 植物气孔蒸腾是如何受光、温度、CO_2浓度调节的?

11. 请说说 ABA 是如何调节气孔运动的。

12. 适当降低蒸腾的途径有哪些?

13. 高大树木导管中的水柱为何可以连续不中断?假如某部分导管中水柱中断了,树木顶部叶片还能不能得到水分?为什么?

14. 合理灌溉在节水农业中的意义如何?如何才能做到合理灌溉?

15. 合理灌溉为何可以增产和改善农产品品质?

16. 什么是高水效农业?如何做到生物性节水?

【自测题参考答案】

一、名词解释

1. 水分代谢(water metabolism):指植物对水分的吸收、运输、利用和散失的过程。

2. 束缚水(bound water):指被细胞内胶体颗粒或大分子吸附或存在于大分子结构空间,不能自由移动的水,也称为结合水。

3. 自由水(free water):指不被植物细胞内胶体颗粒或大分子所吸附、能自由移动并起溶剂作用的水,也称为游离水。

4. 水势(water potential):指在等温等压下,体系中每偏摩尔体积的水与纯水之间的化学势差,用符号 ψ_w 表示。表示水分子发生化学反应的本领及转移的潜在能力。

5. 渗透势(osmotic potential,ψ_π):指由于溶质颗粒的存在而引起体系水势降低的数值,又称为溶质势(solute potential,ψ_s),以负值表示。

6. 压力势(pressure potential,ψ_p):指由于静水压的存在而使体系水势改变的数值,一般为正值。细胞内主要指细胞壁压力的存在而增加细胞水势的值。

7. 衬质势(matrix potential,ψ_m):指由于衬质[表面能够吸附水分的物质,如蛋白质(体)、纤维素、染色体、膜系统等]与水相互作用而引起水势降低的数值,一般为负值。

8. 渗透作用(osmosis):指溶剂分子从较高化学势区域通过半透膜(分别透性膜)向较低化学势区域扩散的现象,是一种特殊的扩散形式。

9. 集流(bulk flow):指由于压力差的存在而形成的大量分子集体运动的现象。集流是长距离运输的主要方式,如木质部导管中的水分移动。

10. 渗透吸水(osmotic absorption of water):指植物细胞通过渗透作用进行的吸水。它是由于 ψ_s 的下降而引起的吸水。

11. 质壁分离(plasmolysis):指由于细胞脱水而使原生质体与细胞壁分开的现象。

12. 吸胀作用(imbibition):指亲水胶体物质吸水膨胀的现象。

13. 吸胀吸水(imbibition absorption of water):指依靠亲水胶体的亲水作用引起的吸水。它依赖于低的 ψ_m,是无液泡的分生组织和干燥种子细胞的主要吸水方式。

14. 降压吸水(negative pressure absorption of water):指由 ψ_p 的降低而引发的细胞吸水。

15. 水通道蛋白(aquaporin,AQP):指在许多动植物及微生物中发现的类似的专一性运输水的膜蛋白。它的一个显著特点是其活力可被汞抑制。

16. 质外体(apoplast):指水和溶质可以自由扩散的自由空间,包括细胞壁、细胞间隙和木质部导管。

17. 共质体(symplast):指植物体内细胞原生质体通过胞间连丝和内质网等膜系统相连而成的连续体。

18. 被动吸水(passive absorption of water):指由于地上部的蒸腾作用而引起的根部吸水,其驱动力是蒸腾拉力。

19. 主动吸水(active absorption of water):指由于根系本身的生理活动而引起的根系吸水,其驱动力是根压。

20. 根压(root pressure):指由于植物根系的生理活动使液流从根部上升的压力。

21. 蒸腾拉力(transpirational pull):指因叶片蒸腾作用而产生的使导管中水分上升的力量。

22. 伤流(bleeding):指从受伤或折断的植物组织溢出液体的现象。

23. 吐水(guttation):指从未受伤的叶片尖端或边缘向外溢出液滴的现象。

24. 永久萎蔫(permanent wilting):指当土壤供水不能补充作物叶片的蒸腾消耗时,叶片发生萎蔫,再供水时叶片的萎蔫现象也不能消失。

25. 永久萎蔫系数(permanent wilting coefficient):指植物出现永久萎蔫时的土壤水分含量。

26. 蒸腾作用(transpiration):指植物体内的水分以气体状态通过植物体表,从体内散发到体外的现象。

27. 蒸腾速率(transpiration rate):指在一定时间内单位叶面积蒸腾的水量。

28. 蒸腾效率(transpiration efficiency):植物每消耗 1 kg 水所形成的干物质质量(g),常用单位是 g•kg^{-1},也称蒸腾比率(transpiration ratio)。

29. 水分利用效率(water use efficiency,WUE):植物消耗单位水分量所产生的同化物的量。

30. 蒸腾系数(transpiration coefficient):指植物制造 1 g 干物质所需水分的质量(g),它是蒸腾效率的倒数,也称为需水量。

31. 小孔扩散律(small pore diffusion law):指水分通过小孔的扩散速率不与小孔面积成比例,而与小孔周长成正比。

32. 土壤-植物-大气连续系统（soil-plant-air-continual-system，SPAC）：植物通过根系从土壤中吸收大量水分，经根茎细胞和维管束系统的运输，最后到达叶片的气孔下腔，并通过气孔散失到大气之中，人们把这一系统称为土壤-植物-大气连续系统。

33. 内聚力学说（cohesion theory）：导管或管胞中的水流在根压和蒸腾拉力造成的压力梯度的作用下源源不断地向上运动，但另一方面由于重力的影响，导管或管胞中上升的水流还会受到向下的拉力，这样水柱便产生了张力，由于水分子的内聚力大于张力，因此可以保持导管或管胞中水柱的连续性。

34. 水分临界期（critical period of water）：指植物在生命周期中对水分缺乏最敏感和最易受害的时期。

35. 生理需水（physiological water requirement）：指直接用于作物生理过程的水分。

36. 生态需水（ecological water requirement）：指维持大自然生态环境、生态平衡所需的水分。

37. 低渗溶液（hypotonic solution）：指比细胞内渗透压低的溶液。

38. 高渗溶液（hypertonic solution）：指比细胞内渗透压高的溶液。

39. 等渗溶液（isotonic solution）：指与细胞内渗透压相等的溶液。

40. 合理灌溉（reasonable irrigation）：指根据作物的生理特点和土壤的水分状况，及时供给作物正常生长发育所必需的水分，以最小的灌溉量获得最大的经济效益。

41. 内聚力（cohesion）：同类分子间存在的相互吸引力。

42. 田间持水量（field moisture capacity）：指当土壤中重力水全部排除，而保留全部毛管水和束缚水时的土壤含水量，是大多数植物可利用的土壤水上限。

二、填空题

1. 自由水，束缚水，自由水/束缚水，溶胶，旺盛，弱，凝胶，低，强。

2. 扩散，集流，渗透吸水，吸胀吸水，降压吸水，渗透吸水，吸胀吸水。

3. $\psi_w = \psi_s + \psi_p + \psi_m$，增加，下降，纯水，下降，上升。

4. 0.15 MPa，-0.8 MPa。

5. 细胞水分饱和状态，初始质壁分离，细胞吸水，细胞失水。

6. 0.26 MPa，0。

7. 死活，渗透势。

8. 吐水，伤流，根压，蒸腾拉力，根系的生理活动，叶片蒸腾作用。

9. 内皮层凯氏带，导管。

10. 质外体途径，共质体途径，跨细胞途径。

11. 扩散，集流，扩散，集流。

12. 永久萎蔫系数，田间持水量。

13. 生理性干旱。

14. 盐分，干旱。

15. 气孔蒸腾，角质层蒸腾。

16. 蒸腾速率，蒸腾效率，蒸腾系数。

17. 大，强，弱。

18. 升高，增加，下降，增加，增加，下降，吸水。

19. 脱落酸(ABA),细胞分裂素(CTK),K$^+$,Ca^{2+},K$^+$,Ca^{2+}。

20. 2 g·kg^{-1},500 g·g^{-1}。

21. 固态水,气态水,液态水。

22. 低,高。

23. 质膜,液泡膜,磷酸化/脱磷酸化,微集流运动。

24. 浓度梯度的跨膜扩散,膜上水通道蛋白的微集流运动。

三、单项选择题

1. A　2. B　3. B　4. B　5. C　6. C　7. B　8. B　9. A　10. B

11. C　12. C　13. C　14. B　15. C　16. B　17. D　18. D　19. A　20. B

21. A　22. B　23. B　24. B

四、判断题

1. ×　2. √　3. ×　4. ×　5. ×　6. ×　7. ×　8. ×　9. √　10. ×

11. ×　12. √　13. 　14. ×　15. ×　16. ×　17. ×　18. √　19. ×　20. √

21. ×　22. √

五、解释现象

1. 植物在纯水中培养一段时间后,如果向培养植物的水中加入盐,则植物会出现暂时萎蔫。

答:盐降低了溶液中的溶质势,导致细胞外液水势小于细胞水势,植物失水,出现暂时萎蔫现象,当达到平衡后,萎蔫现象会消失。

2. 有收无收在于水。

答:说明水对作物生产的重要作用。水是植物细胞的重要组成部分,保持植物的固有姿态;水参与植物体内许多生理生化过程,如有机物质的合成和分解、光合作用和呼吸作用等;水还可以调节植物体温和环境气候等。因此如果没有水,植物就不能维持正常生命活动,光合作用不能进行,就提不到作物收成。

3. "旱耪地,涝浇园"。

答:(1)"旱耪地"　即旱锄地。①干旱时锄地可以切断地表的毛细管,防止土壤深层的水分沿着毛细管不断蒸发,起到保水的作用。②锄地可以增加土壤中的氧气含量,有助于根的有氧呼吸,提高根的主动吸水能力。③锄地还可以除草。杂草与庄稼争夺水分、养分和阳光,除草能发挥一定的保水保肥作用。

(2)"涝浇园"　①冲走土壤中的有害物质。因为在受涝的情况下,土壤缺氧,植物根无氧呼吸形成乳酸和酒精等有害物质;另一方面,厌氧微生物发酵形成 H$_2$S 等物质。②用"活水"浇园可以改善土壤的通气状况,有助于根的有氧呼吸,促进根的生长。

4. 夏季中午瓜类叶片萎蔫。

答:夏季中午的高温,使得植物的蒸腾速率大于根系吸水速度,植物失去水分平衡,导致植株萎蔫。

5. "烧苗"现象。

答:一次施用肥料过多或过于集中,土壤溶液浓度上升,其水势降低,阻碍根系吸水,甚至导致根细胞水分外流,因而产生"烧苗"现象。

6. 秋季或初春移栽树木常剪去部分老叶片,保留部分幼叶和芽,易成活。

答:(1)秋春移植,蒸腾作用小,温度适中,利于发根,也就利于成活;(2)剪去部分老叶片以减少蒸发面积,降低水分散失;(3)保留的幼叶和芽合成的生长素类激素运输到根部,能促进发根。

7. 植物受涝后,叶子为何会萎蔫或变黄?

答:(1)由于土壤水分过多,氧气含量不足,根系呼吸减弱,根压的产生受影响,因而阻碍植物吸水;(2)长时间受涝,根部无氧呼吸产生较多乙醇等有害物质,根系中毒受伤,吸水受影响。因此,叶片萎蔫变色,甚至引起植物死亡。

8. 切花的茎或死亡的根也能吸水。

答:切花的茎或者死亡的根吸水都是由叶片蒸腾作用引起的被动吸水。被动吸水过程中,茎或根只为水分进入植物体提供了通道。

六、问答题

1. 植物体内水分存在的形式与植物的代谢、抗逆性有什么关系?

答:(1)植物体内的水分以两种形式存在,一种是与细胞组分紧密结合而不能自由移动、不易蒸发散失的水,称为束缚水;另一种是与细胞组分之间吸附力较弱、可以自由移动的水,称为自由水。

(2)自由水可参与各种代谢活动,因此,当自由水/束缚水高时,细胞原生质呈溶胶状,植物代谢旺盛,生长较快,抗逆性弱;反之,自由水少时,细胞原生质呈凝胶状态,植物代谢活性低,生长迟缓,但抗逆性强。

2. 如何区分主动吸水与被动吸水、永久萎蔫与暂时萎蔫?

答:(1)主动吸水与被动吸水 植物根系通过自身的生理代谢活动所引起的吸水过程称为主动吸水。主动吸水的动力是根压,根压需要根通过呼吸作用来产生,是消耗能量的过程。被动吸水是指植物地上部分枝叶蒸腾作用所引起的吸水过程。被动吸水的动力是蒸腾作用产生的蒸腾拉力,与根系生理活动无直接关系。

(2)永久萎蔫及暂时萎蔫 植物的萎蔫是指蒸腾大于吸收时,植物体内出现水分亏缺,组织含水量下降,叶片萎缩下垂的现象。若萎蔫植物在蒸腾速率降低以后能恢复正常状态,称为暂时萎蔫。若萎蔫植物蒸腾速率降低以后仍然不能恢复正常状态,称为永久萎蔫。暂时萎蔫时土壤中有可利用水,只是因为植物失水速度超过吸水速度,导致植物体内水分亏缺而引起的。永久萎蔫是因为土壤中缺乏可利用水,即使蒸腾速率降低,也不能恢复正常。

3. 以下论点是否正确,为什么?

(1)一个细胞的溶质势与所处外界溶液的溶质势相等,则细胞体积不变。

答:该论点不完全正确。因为一个成熟细胞的水势由溶质势和压力势两部分组成,只有在初始质壁分离 $\psi_p=0$ 时,上述论点才能成立。通常一个细胞的溶质势与所处外界溶液的溶质势相等时,由于压力势(常为正值)的存在,使细胞水势高于外界溶液的水势(也即它的溶质势),因而细胞失水,体积变小。

(2)若细胞的 $\psi_p=-\psi_s$,将其放入某一溶液中时,则体积不变。

答:该论点不正确。因为当细胞的 $\psi_p=-\psi_s$ 时,该细胞的 $\psi_w=0$。把这样的细胞放入任一溶液中,细胞都会失水,体积变小。

(3)若细胞的 $\psi_w = \psi_s$，将其放入纯水中，则体积不变。

答：该论点不正确。因为当细胞的 $\psi_w = \psi_s$ 时，该细胞的 $\psi_p = 0$，而 ψ_s 为负值，即其 $\psi_w < 0$，把这样的细胞放入纯水中，细胞吸水，体积变大。

4. 一组织细胞的 ψ_s 为 -0.8 MPa，ψ_p 为 0.1 MPa，在 27℃ 时，将该组织放入 0.3 mol·L^{-1} 的蔗糖溶液中，问该组织的重量或体积是增加还是减小？（设蔗糖解离常数为 1）

答：细胞的水势 $\psi_w = \psi_s + \psi_p = -0.8$ MPa $+ 0.1$ MPa $= -0.7$ MPa。

蔗糖溶液的水势 $\psi_{w溶液} = -iRTC = -0.008\,3$ L·MPa·mol^{-1}·K^{-1} $\times$ $(273 + 27)$ K $\times$ 0.3 mol·L^{-1} $= -0.747$ MPa。

由于细胞的水势 $>$ 蔗糖溶液的水势，因此细胞放入溶液后会失水，使组织的重量减少，体积缩小。

5. 简述小液流法测定植物组织水势的原理。如果试验得到下面的结果，请计算出被测植物组织的水势。其中 $R = 0.008\,3$ L·MPa·mol^{-1}·K^{-1}，$CaCl_2$ 解离常数 $i = 2.6$，温度 $t = 27℃$。如果想要获得该植物组织水势更准确的结果，应怎样进行下一步的实验设计（仍采用小液流法）？（设蔗糖解离常数为 1）

项目	1 号管	2 号管	3 号管	4 号管	5 号管	6 号管	7 号管
$CaCl_2$ 浓度/(mol·L^{-1})	0	0.05	0.10	0.15	0.20	0.25	0.30
蓝色液滴移动情况	↓	↓	↓	↓	↑	↑	↑

答：当植物细胞水势高于外界溶液水势时，细胞失水，对应液滴上升；反之，下降。当植物细胞水势和外界溶液水势相同时，对应液滴悬浮不动。从表中实验结果可以得出，被测植物组织的水势介于试验管号 4 与 5 之间，可以用取中间值的方法计算水势：

$$\psi_{w溶液} = -iRTC = -2.6 \times 0.008\,3 \text{ L·MPa·mol}^{-1}\cdot\text{K}^{-1} \times (273 + 27)\text{K} \times 0.175 \text{ mol·L}^{-1}$$
$$= -1.13 \text{ MPa}_\circ$$

如果想要获得该植物组织水势更准确的结果，则可采用下列方法：在 $0.15 \sim 0.20$ mol·L^{-1} $CaCl_2$ 浓度之间，设置更为密集的浓度梯度，如 0.15、0.16、0.17、0.18、0.19、0.20 mol·L^{-1}，即可检测出精确的水势值。

6. 什么叫质壁分离现象？什么叫质壁分离复原？利用质壁分离和质壁分离复原可以解决哪些问题？

答：当细胞液泡的水势高于外界溶液的水势时，细胞开始失水，原生质层收缩；由于细胞壁和原生质层的伸缩性差异，当细胞继续失水时，原生质层便和细胞壁慢慢分开。这种由于细胞脱水而使原生质体与细胞壁分开的现象称为质壁分离。如果把发生了质壁分离的细胞浸在水势较高的稀溶液或清水中，细胞吸水，整个原生质层很快会恢复原来的状态，重新与细胞壁相接触。这种质壁分离的细胞重新吸水而使原生质体慢慢恢复原来状态的现象称为质壁分离复原（deplasmolysis）。

质壁分离现象是生活细胞的典型特征。人们利用细胞质壁分离和质壁分离复原的现象可以解决如下几个问题：①说明原生质层是半透膜；②判断细胞的死活；③测定细胞液的渗透势；④判断物质透过原生质体的速度，同时可以比较原生质黏度大小。

7. 简述植物水通道蛋白的功能。

答：(1) 促进水的长距离运输。水从植物根到叶的长距离运输有 3 条不同的平行途径：

共质体途径、质外体途径、跨细胞途径,水通道蛋白在跨细胞途径中起主要作用。(2)在逆境应答等过程中促进细胞内外的跨膜水分运输,调节细胞内外水分平衡,该过程由质膜水通道蛋白(PIP)来完成。(3)调节细胞的胀缩。通过存在于液泡膜上的水通道蛋白(TIP)使水快速出入液泡以保证细胞能迅速膨胀和紧缩。(4)运输其他小分子物质。所谓水通道蛋白专司水分运输的功能是相对的,目前在植物中也发现少量水通道蛋白可同时运输其他小分子物质,如 CO_2。

8. 试述水分进入植物体内的全过程及其动力。

答:水分进出植物的全过程可分为三个阶段,即水分的吸收、运输和散失。

(1)根系对水分的吸收 植物主要通过根系从土壤中吸收水分。根系吸水有主动吸水和被动吸水两种方式。主动吸水的动力是根压,是由于根系的生理代谢活动(如矿物质吸收、有机物的合成)导致根内部溶质浓度增加,水势降低,土壤水分顺水势梯度进入根内部。被动吸水的动力是蒸腾拉力,是由于地上枝叶的蒸腾作用大量丢失水分所产生的水势降低传导到根部,导致根部水势降低,引起根系吸水。

(2)水分在植物体内的运输 水分在植物体内运输的全过程为:土壤水分→根毛→根皮层→根中柱鞘→中柱鞘薄壁细胞→根导管(管胞)—茎导管(管胞)—叶柄导管(管胞)—叶脉导管(管胞)—叶肉细胞—叶肉细胞间隙→气孔下腔→气孔→大气。

(3)植物体内水分散失 主要是通过蒸腾作用进行的。蒸腾作用是指植物体内水分以气态的方式经植物体表面散失到大气中的过程。植物的蒸腾作用有皮孔蒸腾、角质层蒸腾和气孔蒸腾三种方式,其中以叶片的气孔蒸腾为主。

9. 从结构和代谢角度论述气孔开闭的机理。

答:首先,保卫细胞体积小,少量的溶质进入即可引起保卫细胞膨压的显著变化,迅速调节气孔的开闭。其次,保卫细胞中含有更多的细胞器,特别是叶绿体和线粒体,能进行光化学反应和呼吸代谢,为气孔运动提供能量。保卫细胞中淀粉、苹果酸含量变化参与气孔运动的调节。成熟的保卫细胞与表皮细胞间没有胞间连丝存在,更有利于其渗透势的调节。保卫细胞质膜和液泡膜上有多种离子通道,包括质膜外向和内向 K^+ 通道、质膜慢型和快型阴离子通道、拉伸激活非选择性通道、慢型和快型液泡通道和非电压依赖型的 K^+ 选择性通道等,这些离子通道在气孔开闭中起重要的调节作用。保卫细胞质膜上还存在多种结合蛋白,如脱落酸结合蛋白、乙酰胆碱受体、GTP(三磷酸鸟苷)结合蛋白、光受体等,参与气孔运动调控中信号的接收和传递。

气孔开闭的机理的假说:

(1)淀粉-糖转化学说(starch-sugar conversion theory) 该理论认为,在光照下,保卫细胞进行光合作用,消耗 CO_2,引起 pH 升高,从而使淀粉磷酸化酶活性增强,并促使淀粉分解为葡萄糖-1-磷酸,使细胞内渗透势下降,保卫细胞吸水膨胀,气孔开启;而在暗中,保卫细胞光合作用停止,呼吸作用继续进行,CO_2 积累,pH 下降,此时淀粉磷酸化酶催化葡萄糖-1-磷酸合成淀粉,从而使细胞渗透势升高,保卫细胞失水,气孔关闭。

(2)苹果酸代谢学说(malate metabolism theory) 在光下,保卫细胞内的部分 CO_2 被利用时,pH 上升,从而活化了 PEP 羧化酶,PEP 羧化酶可催化由淀粉降解产生的 PEP 与 HCO_3^- 结合形成草酰乙酸(OAA),并进一步被还原型辅酶Ⅱ(NADPH)还原为苹果酸。苹果酸解离为 $2H^+$ 和苹果酸根,在 H^+/K^+ 泵的驱动下,H^+ 与 K^+ 交换,保卫细胞内 K^+ 浓度增加,水势降低;苹果酸根进入液泡和 Cl^- 共同与 K^+ 在电化学上保持平衡。同时,苹果酸的存在还可降低水势,促使保卫细胞吸水,气孔张开。

当叶片由光下转入暗处时,保卫细胞中的苹果酸减少、淀粉含量增加,保卫细胞水势上升,保卫细胞失水,气孔关闭。

(3)离子泵学说(ion pump theory)　　该学说认为,保卫细胞上的离子泵(H^+-ATP 酶)能够水解保卫细胞中由氧化磷酸化或光合磷酸化生成的 ATP,产生的能量将 H^+ 从保卫细胞转移到周围细胞中,使保卫细胞的 pH 升高,质膜电位发生超极化(使膜电位变得更负),产生跨膜的电化学势梯度,从而驱动 K^+ 从周围细胞经过保卫细胞膜上的内向 K^+ 通道进入保卫细胞。在 K^+ 进出保卫细胞的同时,为平衡细胞电性,同价的阴离子(Cl^-)通过 H^+/Cl^- 同向运输载体或 OH^-/Cl^- 反向运输载体进入细胞,与新合成的苹果酸一起贮存在液泡中。随着渗透势的下降,保卫细胞吸水膨胀,气孔张开。

当胞质中 Ca^{2+} 升高,抑制质膜上的质子泵和内向 K^+ 通道,激活阴离子通道,导致阴离子被释放到细胞外;质膜去极化进一步激活膜上的外向 K^+ 通道,并驱使 K^+ 流出细胞,保卫细胞渗透势上升,失水而收缩,气孔随之关闭。

10. 植物气孔蒸腾是如何受光、温度、CO_2 浓度调节的?

答:(1)光　　光是气孔运动的主要调节因素。光促进气孔开启的效应有两种,一种是通过光合作用发生的间接效应,另一种是通过光受体感受光信号而发生的直接效应。光对蒸腾作用的影响首先是引起气孔的开放,减少内部阻力,从而增强蒸腾作用。其次,光可以提高大气与叶片温度,增加叶内外蒸汽压差,加快蒸腾速率。

(2)温度　　气孔运动是与酶促反应有关的生理过程,因而温度对蒸腾速率影响很大。当大气温度升高时,叶温比气温高出 2~10℃,因而,气孔下腔蒸汽压的增加大于空气蒸汽压的增加,这样叶内外蒸汽压差加大,蒸腾加强。当气温过高时,叶片过度失水,气孔就会关闭,从而使蒸腾减弱。

(3)CO_2　　CO_2 对气孔运动影响很大。低浓度 CO_2 促进气孔张开,高浓度 CO_2 能使气孔迅速关闭(无论光下或暗中都是如此)。在高浓度 CO_2 下,气孔关闭可能的原因是:①高浓度 CO_2 会使质膜透性增加,导致 K^+ 泄漏,消除质膜内外的溶质势梯度;②CO_2 使细胞内酸化,影响跨膜质子浓度差的建立。因此 CO_2 浓度高时,会抑制气孔蒸腾。

11. 请说说 ABA 是如何调节气孔运动的。

答:有关 ABA 对气孔运动调节的轮廓已初步勾画出:ABA 与膜受体结合,激活 G 蛋白;G 蛋白进一步活化磷脂酶 C(PLC),PLC 将磷脂酰肌醇-4,5-二磷酸(PIP$_2$)水解成 IP$_3$(1,4,5-三磷酸肌醇);IP$_3$ 一方面促使 Ca^{2+} 从胞内钙库——液泡中释放进入胞质,另一方面促使胞外 Ca^{2+} 通过阳离子通道进入,致使胞内 Ca^{2+} 浓度升高;高浓度 Ca^{2+} 抑制质膜 H^+ 泵和内向 K^+ 通道,激活阴离子通道,向胞外释放阴离子使膜去极化;膜去极化又进一步抑制内向 K^+ 通道,激活外向 K^+ 通道,向胞外释放 K^+,使保卫细胞膨压降低,诱导气孔关闭。除 IP$_3$ 外,其他肌醇磷酸中 IP$_6$、cADPR(环腺苷酸二磷酸核糖)、蛋白激酶/蛋白磷酸酶也可能在 ABA 信号转导途径中起作用。

ABA 还可通过不依赖 Ca^{2+} 的信号转导途径,即通过提高胞质 pH,激活外向 K^+ 通道和阴离子通道而诱导气孔关闭。

12. 适当降低蒸腾的途径有哪些?

答:(1)减少蒸腾面积,如移栽植物时,可去掉一些枝叶,减少蒸腾失水。(2)降低蒸腾速率,如在移栽植物时避开促进蒸腾的高温、强光、低湿、大风等外界条件,增加植株周围的湿度,或覆盖塑料薄膜等都能降低蒸腾速率。(3)使用抗蒸腾剂,降低蒸腾失水量。

13. 高大树木导管中的水柱为何可以连续不中断? 假如某部分导管中水柱中断了,树木顶部叶片还能不能得到水分? 为什么?

答:蒸腾作用产生的强大拉力把导管中的水往上拉,而导管中的水柱可以克服重力的影响而不中断,这通常可用蒸腾流—内聚力—张力学说,也称"内聚力学说"来解释,即水分子的内聚力大于张力,从而能保证水分在植物体内的向上运输。同时,水分子与导管或管胞壁的纤维素分子间还有附着力,因而维持了输导组织中水柱的连续性,使得水分不断上升。

导管水溶液中有溶解的气体,当水柱张力增大时,溶解的气体会从水中逸出形成气泡。在张力的作用下,气泡还会不断扩大,产生气穴。然而,植物可通过某些方式消除气穴造成的影响。例如气泡在某些导管中形成后会被导管分子相连处的纹孔阻挡,而被局限在一条管道中。当水分移动遇到了气泡的阻隔时,可以横向进入相邻的导管分子而绕过气泡,形成一条旁路,从而保持水柱的连续性。另外,在导管内大水柱中断的情况下,水流仍可通过微孔以小水柱的形式上升。同时,水分上升也不需要全部木质部参与作用,只需部分木质部的输导组织畅通即可。因此,即使某部分导管中水柱中断了,树木顶部叶片还能获得水分。

14. 合理灌溉在节水农业中的意义如何? 如何才能做到合理灌溉?

答:我国水资源总量并不算少,但人均水资源量仅是世界平均数的 26%,而灌溉用水量偏多又是存在多年的一个突出问题。节约用水,发展节水农业,是一项具有战略意义的举措。合理灌溉是依据作物需水规律和水源情况进行灌溉,调节植物体内的水分状况,满足作物生长发育的需要,用适量的水取得最大的效果。合理灌溉可以在保持农业生产以正常速度增长的同时充分利用当地降水和大幅度地减少灌溉用水,从而维持整个水资源的可持续利用与区域平衡。因此。合理灌溉在节水农业中具有重要的意义。

要做到合理灌溉,就需要掌握作物的需水规律。反映作物需水规律的参数有需水量和水分临界期。作物需水量(蒸腾系数)和水分临界期又因作物种类、生长发育时期不同而有差异。合理灌溉要以作物需水量和水分临界期为依据,参照生理和形态等指标制订灌溉方案,采用先进的灌溉方法适时地进行灌溉。

15. 合理灌溉为何可以增产和改善农产品品质?

答:作物要获得高产优质,就必须生长发育良好,而合理灌溉能在水分供应上满足作物的生理需水和生态需水,促使植物生长发育良好,使光合面积增大,叶片寿命延长,光合效率提高,根系活力增强,促进肥料的吸收和转运,并能促进光合产物向经济器官运送与转化,使产量和品质都得以提高。

16. 什么是高水效农业? 如何做到生物性节水?

答:高水效农业是指同时追求和实现单位耗水的高水分利用效率、高经济效益、高生态及社会效益的一种高新技术和经济市场结合的新型农业体系。节水农业和旱地农业都可以称为高水效农业。

所谓生物性节水,是指利用和开发生物体自身的生理和基因潜力,在同等水供应条件下能够获得更多的农业产出。实质是提高农业生产过程中的水分利用效率,即提高单位耗水

(蒸散量)的经济产量。农业上利用调亏灌溉、非充分灌溉、低定额灌溉、有限灌溉、亏缺灌溉、控制性分根交替灌溉等新的节水灌溉技术,实现生物性节水。这些技术的关键是依据作物本身的生理特性和需水规律,以提高水分利用效率为中心,进行人为主动限量供水处理,刺激作物在生理、生长和产量上形成补偿效应,在节约用水的同时实现高产。人为主动限量供水处理,可以在作物非水分临界期如营养生长旺盛期,也可以在根系活动层土壤水平或垂直剖面的某个区域进行。

第2章　植物的矿质营养

【学习目的与要求】

通过本章学习,主要理解植物对矿质元素的吸收、运输、利用的基本过程,即矿质营养的基本原理;掌握植物必需矿质元素的生理作用及缺素症状,植物细胞对矿质元素的吸收方式,植物根系对矿质元素的吸收及影响矿质元素吸收的环境因素,氮素的同化;了解叶片营养,矿质元素在植物体内的运输与分配,磷酸盐同化,合理施肥的生理基础,植物工厂等。

【重点和难点】

重点

(1)必需矿质元素的生理功能及缺素症状;(2)矿质元素的吸收与运输;(3)影响矿质元素吸收的环境因素;(4)氮素的同化。

难点

(1)植物细胞对矿质元素的吸收机理;(2)氮素的同化机理。

【学习要点】

2.1　植物必需元素

植物对矿质和氮素的吸收、转运和同化以及矿质元素在生命活动中的作用称为植物矿质营养(mineral nutrition)和氮素营养。通过溶液培养法,现已确定碳、氢、氧、氮、磷、钾、钙、镁、硫、铁、锰、硼、锌、铜、钼、氯、镍 17 种元素为植物的必需元素,其中碳、氢、氧、氮、磷、钾、钙、镁、硫为大量元素,铁、锰、硼、锌、铜、钼、氯、镍为微量元素。植物必需元素中除了碳、氢、氧、氮,其他均为植物必需的矿质元素。另外,除必需元素,还有一些元素为有益元素。

植物必需矿质元素的生理作用有:细胞结构物质的组成成分;生命活动的调节者;充当电子载体,使植物体的氧化还原得以进行;参与渗透调节、胶体稳定和电荷中和等电化学作用等。当缺乏某种必需元素时,植物表现出特定的缺素症。可再利用元素的缺素症首先出现在较老器官上,不可再利用元素的缺素症则首先出现在幼嫩器官上。

2.2　矿质元素的吸收与运输

植物细胞对矿质元素的吸收有被动转运、主动转运和胞饮作用三种方式。被动转运过程不需消耗细胞自身代谢能量,跨膜动力来自物质自身的热运动或浓度差,可分为简单扩散和易化扩散。主动转运是物质逆浓度梯度消耗细胞自身代谢能量才能进行的跨膜转运,可分为初级主动转运和次级主动转运。溶质的几种转运方式见图 2-1。

　　细胞膜上参与离子转运的特殊蛋白质有离子通道蛋白和载体蛋白。通过通道蛋白的离子运输是被动的,由载体进行的离子转运可以是被动的,也可以是主动的。载体又可分成单向传递体、共向传递体、反向传递体等类型(图 2-2)。参与主动转运的离子泵是细胞膜上逆浓度梯度利用代谢能量转运离子的跨膜载体蛋白,通常是 ATP 酶。植物细胞中发现有三种运输 ATP 酶类型。

　　根尖的根毛区是吸收离子最活跃的部位。植物也可利用地上部分吸收矿质元素,即叶面营养。根系对矿质元素吸收的特点有:矿物质和水分的相对吸收;离子的选择

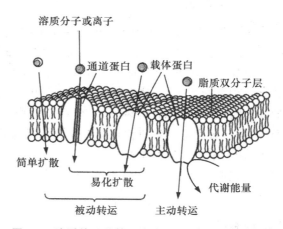

图 2-1　溶质的几种转运方式(引自李合生,2008)

性吸收;单盐毒害和离子对抗。根系吸收矿质元素的过程:首先通过交换吸附将离子吸附在根的表面;离子通过质外体和共质体进入木质部导管再向上运输。叶吸收的矿质元素通过韧皮部向上或向下运输。根系对矿质元素的吸收受土壤条件(温度、通气状况等)等的影响。

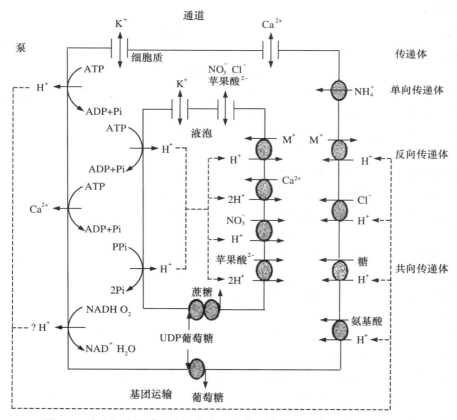

图 2-2　植物细胞质膜和液泡膜上可能的几种转运系统(引自王忠,2009)

NADH:还原型烟酰胺腺嘌呤二核苷酸/还原型辅酶Ⅰ　　NAD⁺:烟酰胺腺嘌呤二核苷酸　　UDP:尿苷二磷酸

2.3 氮素的同化

植物将从外界环境中吸收的简单无机物转化为复杂有机物的过程,称为同化作用(assimilation)。许多植物必需元素进入植物体后都要进行同化,才能被植物利用。

空气中含有近 79% 的 N_2,然而植物却无法直接利用,只有某些微生物(包括与高等植物共生的固氮微生物)才能利用。植物所利用的氮源包括无机氮和有机氮。有机氮来自土壤中动物、植物和微生物的腐烂分解,但大多数由于不溶而不能被植物利用,只有少部分如氨基酸、酰胺和尿素等可被植物直接吸收。无机氮化物是植物吸收的主要氮源,以铵盐和硝酸盐为主,占土壤含氮量的 1% ~ 2%。铵盐可直接被植物吸收后用于氨基酸合成,而硝酸盐则必须经过代谢还原(metabolic reduction)才能被利用。

【自测题】

一、名词解释

1. 灰分元素;2. 溶液培养法;3. 大量元素;4. 微量元素;5. 协助扩散;6. 离子泵;7. 生理酸性盐;8. 生理碱性盐;9. 生理中性盐;10. 单盐毒害;11. 离子拮抗;12. 平衡溶液;13. 电化学势梯度 14. 根外施肥;15. NR;16. 固氮酶;17. 养分临界期。

二、填空题

1. 大量元素包括 _____ 共 9 种,微量元素包括 _____ 共 8 种。

2. 在 17 种植物必需元素中,只有 _____ 4 种不存在于灰分中。

3. _____ 之所以被称为肥料三要素,是因为 _____。

4. 缺 N 和缺 K 植物病症的相同之处是 _____;不同之处是 _____。

5. 缺 Mg 和缺 Fe 的共同点是 _____;不同点是 _____。

6. 缺少矿质元素 _____ 时,细胞分裂不能正常进行,缺少 _____ 时,影响受精作用。

7. 植物必需元素的生理功能主要有: _____; _____; _____; _____。

8. 植物细胞吸收矿质元素的方式有: _____、_____、_____。

9. 植物缺 Mg 和缺 Mn 时都呈现 _____,但缺 Mg 时 _____ 部位先出现症状,缺 Mn 时 _____ 部位先出现症状。

10. 溶液培养玉米,叶子出现红色或紫色是因为 _____,阻碍 _____,叶子大量积累 _____,有利于 _____ 的形成,所以呈红色。

11. 通常把 H^+-ATP 酶泵出 H^+ 的过程称为 _____,而以 H^+ 电化学势差作为动力的离子转运称为 _____。

12. 确定某种元素是否为植物必需元素时,常用 _____ 法。

13. 植物对养分缺乏最敏感的时期称为 _____。

14. 从无机氮所形成的第一个有机氮化合物主要是 _____。

15. 根吸收矿质元素最活跃的区域是 _____。对于难以再利用的必需元素,其缺乏症状最先出现在 _____。

16. 可再利用的元素从老叶向幼嫩部分的运输通道是 _____。

17. 根外追肥时,喷在叶面的物质进入叶细胞后,是通过＿＿＿＿＿＿＿通道运输到植物其他部分的。

18. 亚硝酸还原成氨是在细胞的＿＿＿＿＿＿＿＿＿＿中进行的。对于非光合细胞,是在＿＿＿＿＿＿＿＿中进行的;而对于光合细胞,则是在＿＿＿＿＿＿＿＿中进行的。

19. 根对矿质元素的吸收有主动吸收和被动吸收两种,在实际情况下,以＿＿＿＿＿吸收为主。

20. 水稻等植物叶片中天冬酰胺的含量可作为诊断＿＿＿＿＿＿丰缺的生理指标。

21. 矿质元素主动吸收过程中有载体参加,可从下列两方面得到证实:＿＿＿＿＿＿＿＿＿和＿＿＿＿＿＿＿。

22. 外界溶液的 pH 对根系吸收盐分的影响一般来说,阳离子的吸收随 pH 的上升而＿＿＿＿＿＿＿,而阴离子的吸收随 pH 的上升而＿＿＿＿＿＿＿＿。

23. 硝酸盐还原速度白天比夜间＿＿＿＿＿＿＿,这是因为叶片在光下形成的＿＿＿＿＿和＿＿＿＿＿＿能促进硝酸盐的还原。

24. 在碱性反应逐渐加强的土壤中溶解度易降低的元素是＿＿＿＿＿＿＿,而在酸性土壤(为红壤)中常常缺乏的元素是＿＿＿＿＿＿＿。

25. 离子扩散的方向取决于＿＿＿＿＿＿和＿＿＿＿＿的相对数值的大小。

26. 豆科植物的共生固氮作用需要三种元素参与,它们是＿＿＿＿＿＿、＿＿＿＿＿和＿＿＿＿＿。

27. 与生长素形成有关的矿质元素是＿＿＿＿＿和＿＿＿＿＿。

28. 以种子和果实为经济器官的作物,其营养最大效率期一般是在＿＿＿＿＿＿＿时期。

三、单项选择题

1. NH_4NO_3 是一种（　　）。
(A)生理酸性盐　　(B)生理中性盐　　(C)生理碱性盐　　(D)生理酸碱盐

2. 缺硫时会产生缺绿症,表现为（　　）。
(A)叶脉间缺绿,以至叶坏死　　　　(B)叶缺绿,但不坏死
(C)叶肉缺绿　　　　　　　　　　(D)叶脉保持绿色

3. 叶中 NO_3^- 还原的部位是（　　）。
(A)细胞质　　　(B)叶绿体　　　(C)过氧化物酶体　　(D)类囊体

4. 油菜"花而不实"、甜菜"心腐病",常因缺（　　）。
(A)Cu　　　　　(B)Mo　　　　　(C)B　　　　　(D)P

5. 能够促进有机物运输的矿质元素是（　　）。
(A)N、P、K　　　(B)N、Mg、B　　(C)P、K、B　　　(D)Mg、B

6. 给土壤过量施用石灰后,容易导致植物中缺乏（　　）。
(A)N、K　　　　(B)P、Ca　　　(C)Zn、Fe　　　(D)N、S

7. 植物根系吸收的无机离子向上运输主要通过（　　）。
(A)韧皮部　　　(B)质外体　　　(C)木质部　　　(D)共质体

8. NO_3^- 还原成 NO_2^- 的过程是由硝酸还原酶催化的,以下选项中非 NR 特性的是（　　）。
(A)诱导酶　　　　　　　　　　(B)多在细胞质中进行
(C)光加速其反应速度　　　　　(D)电子供体为铁氧还蛋白(Fd)

9. 植物缺 Ca 的症状为（　　）。

(A)生长点坏死　　(B)老叶先显现症状　　(C)叶脉间缺绿　　(D)叶坏死、变形

10. 用砂培法培养番茄幼苗,当缺乏（　　）元素时,幼叶会明显表现出缺绿症。

(A)N　　　　　　(B)Fe　　　　　　(C)K　　　　　　(D)Mg

11. 下列各物质中,仅有（　　）不是硝酸还原酶的辅基。

(A)FAD　　　　(B)NAD^+　　　　(C)Mo　　　　　　(D)Fe

12. 矿质元素（　　）与水的光解放氧有关。

(A)Ca、Mg、Cl　　(B)Ca、Mn　　(C)Ca　　　　　(D)Mn、Cl

13. （　　）是豆科植物共生固氮作用中不可缺少的三种元素。

(A)锰、铜、钼　　(B)锌、硼、铁　　(C)铁、钼、钴　　(D)氯、锌、硅

14. 调节气孔开闭的矿质元素是（　　）。

(A)P　　　　　　(B)K　　　　　　(C)Ca　　　　　(D)Mg

15. 在光合细胞中,NO_2^- 还原成 NH_3 是在（　　）中进行的。

(A)细胞质　　　(B)原质体　　　(C)叶绿体　　　(D)线粒体

16. 果树的小叶病或簇叶病是由于缺乏元素（　　）。

(A)Cu　　　　　(B)Cl　　　　　(C)Mn　　　　　(D)Zn

17. 豆科作物大豆、豌豆等在其生长过程中,一般最不易出现缺（　　）症状。

(A)N　　　　　　(B)P　　　　　　(C)K　　　　　　(D)Mg

18. 以磷矿粉作磷肥,植物一般不能直接利用。若将磷矿粉与（　　）一起施用,则能增加根系对磷的吸收。

(A)硫酸铵　　　(B)碳酸氢铵　　(C)钙镁磷肥　　(D)硝酸钙

四、判断题

1. 灰分元素就是必需元素。（　　）

2. 植物生长在碱性土壤中容易缺磷。（　　）

3. 植物生长在 pH 高的环境溶液中有利于阳离子的吸收。（　　）

4. 植物体内的 K^+ 一般不形成稳定的结构物质。（　　）

5. 合理施用无机肥料增产的原因是间接的。（　　）

6. 植物根系通过被动吸收达到杜南平衡时,细胞内阴阳离子的浓度都相等。（　　）

7. 氮不是矿质元素,而是灰分元素。（　　）

8. 根部吸收各离子的数量不与溶液中的离子成比例。（　　）

9. 缺 N 时植物的幼叶首先变黄。（　　）

10. 植物吸收矿质元素最活跃的区域是根尖的分生区。（　　）

11. N、P、K 之所以被称为"肥料三要素",是因为它们比其他必需矿质元素更重要。（　　）

12. 所有植物完全只能依靠根系吸收 SO_4^{2-},以提供其生长发育必需的硫元素。（　　）

13. 通过载体蛋白的运输既可以是主动的,又可以是被动的。（　　）

五、解释现象

1. 一些块根(茎)作物施用氮肥太多时,为什么只长秧不长块根(茎)?

2. 进行溶液培养时,为什么要向溶液中打气,同时还要定期更换新鲜溶液?

3. 缺 P 时,番茄苗叶片呈暗绿色。

4．缺 Zn 时，果树出现小叶病或簇叶病。

5．水稻秧苗在栽插后有一个叶色先落黄后返青的过程。

6．叶片中的天冬酰胺或淀粉含量可作为作物施用 N 肥的生理指标。

六、问答题

1．土壤中矿质元素是怎样进入根细胞的？

2．影响植物根部吸收矿质盐的主要因素有哪些？

3．植物必需元素应满足哪几条标准？目前已知植物必需元素共有多少种？其中大量与微量元素各为多少种？各指哪些元素？

4．土壤中氮素过多或不足，对植物的生长和发育有何影响？

5．在含有 Fe、K、P、Ca、B、Mg、Cu、S、Mn 等营养元素的培养液中培养棉花，当棉苗第四片叶展开时，在第一片叶上出现了缺绿症，问该缺乏症是由于上述元素中哪种元素含量不足而引起的？为什么？

6．论述光对植物体内硝酸盐代谢的影响。

7．试述盐分吸收与水分吸收的关系。

8．一位学生配制了四种溶液，每种溶液的总浓度都相同。他用这些溶液培养已发芽的小麦种子，2 周后测得数据见下表，请问处理 1 和 2 中的小麦根为什么特别短？

处理	溶液	根长/mm
1	NaCl	59
2	$CaCl_2$	70
3	$NaCl+CaCl_2$	254
4	$NaCl+CaCl_2+KCl$	324

9．为什么说施肥增产的原因是间接的？主要表现在哪些方面？

10．如何才能做到合理施肥？

【自测题参考答案】

一、名词解释

1．灰分元素（ash element）：除 C、H、O、N 等四种元素分别以 CO_2、H_2O、N 的氧化物等形式挥发外，植物体所含的不能挥发的残余物质称为灰分元素，又称为矿质元素。

2．溶液培养法（solution culture method）：在含有全部或部分营养元素的溶液中培养植物的方法。

3．大量元素（major element）：在植物体内含量较多，占植物体干重 0.1% 以上的元素，称为大量元素。植物必需的大量元素有碳、氢、氧、氮、磷、钾、钙、镁、硫等九种。

4．微量元素（minor element）：在植物体内含量甚微，占植物体干重 0.001%～0.01% 的元素，称为微量元素。植物必需的微量元素有铁、锰、硼、锌、铜、钼、氯和镍等八种。植物对这些元素的需要量极微，稍多便发生毒害，故称为微量元素。

5．协助扩散（facilitated diffusion）：一些非脂溶性或低脂溶性物质能依赖镶嵌在细胞膜上的特殊蛋白质分子的功能活动来实现跨膜转运,称为协助扩散或易化扩散。

6. 离子泵(pump):是细胞膜上逆电化学势梯度,利用代谢能量转运离子的跨膜载体蛋白。

7. 生理酸性盐(physiologically acid salt):对于$(NH_4)_2SO_4$一类盐,植物吸收NH_4^+较SO_4^{2-}多而快,这种选择吸收导致溶液变酸,故称这种盐类为生理酸性盐。

8. 生理碱性盐(physiologically alkaline salt):对于$NaNO_3$一类盐,植物吸收NO_3^-较Na^+快而多,选择吸收的结果使溶液变碱,因而称为生理碱性盐。

9. 生理中性盐(physiologically neutral salt):对于NH_4NO_3一类盐,植物吸收其阴离子NO_3^-与阳离子NH_4^+的量很相近,不改变周围介质的pH,因而称为生理中性盐。

10. 单盐毒害(toxicity of single salt):植物被培养在某种单一的盐溶液中,不久即呈现不正常状态,最后死亡。这种现象叫单盐毒害。

11. 离子拮抗(ion antagonism):在发生单盐毒害的溶液中加入少量不同化合价的金属离子,就可解除单盐毒害,这种现象称为离子拮抗。

12. 平衡溶液(balanced solution):在含有适当比例的多种盐的溶液中,各种离子的毒害作用被消除,植物可以正常生长发育,这种溶液称为平衡溶液。

13. 电化学势梯度(electrochemical potential gradient):离子的化学势梯度和电势梯度合称为电化学势梯度。

14. 根外施肥(ex-root fertilization):除了根部吸收矿质元素外,植物地上部分主要是叶面部分吸收矿质营养的过程叫根外施肥。

15. NR(nitrate reductase):NR即硝酸还原酶,催化NO_3^-还原成NO_2^-的过程,是一种钼黄素蛋白,由黄素腺嘌呤二核苷酸(FAD)、细胞色素b_{557}(Cyt b_{557})和钼复合体(Mo-Co)组成。不供给硝酸盐的植物中,硝酸还原酶的活性很低,硝酸盐可诱导该酶活性的增强。

16. 固氮酶(nitrogenase):固氮微生物中具有还原分子氮为氨态氮功能的酶称为固氮酶。该酶由铁蛋白和钼铁蛋白组成,两种蛋白质同时存在才能起固氮酶的作用。

17. 养分临界期(critical period of nutrition):作物生长发育对养分的缺乏最敏感、最易受害的时期叫养分临界期。

二、填空题

1. C、H、O、N、P、K、Ca、Mg、S、Fe、Mn、B、Zn、Cu、Mo、Cl、Ni。

2. C、H、O、N。

3. N、P、K;植物对其需量较大,而土壤中往往又供应不足。

4. 老叶失绿;缺N全叶失绿,缺K叶尖叶缘失绿。

5. 脉间失绿;缺Mg老叶先表现症状,缺Fe新叶先表现症状。

6. Ca、B。

7. 细胞结构物质的组成成分,生命活动的调节者,充当电子载体,参与渗透调节、胶体稳定和电荷中和等电化学作用。

8. 被动转运,主动转运,胞饮作用。

9. 脉间失绿,较老,幼嫩。

10. 缺磷,光合产物的运输,糖(或光合产物),花青素。

11. 初级主动转运,次级主动转运。

12. 溶液培养。

13. 养分临界期。

14. 谷氨酰胺。

15. 根毛区,幼嫩组织。

16. 韧皮部。

17. 韧皮部。

18. 质体,前质体,叶绿体。

19. 主动。

20. 氮(N)。

21. 饱和效应,离子竞争。

22. 上升,下降。

23. 快,还原力,磷酸丙糖。

24. Fe、P、Ca、Mg,P、K、Ca、Mg。

25. 化学势梯度,电势梯度。

26. Fe,Mo,Co。

27. N,Zn。

28. 生殖生长。

三、单项选择题

1. B　2. B　3. A　4. C　5. C　6. C　7. C　8. D　9. A　10. B
11. B　12. D　13. C　14. B　15. C　16. D　17. A　18. A

四、判断题

1. ×　2. √　3. √　4. √　5. √　6. ×　7. ×　8. √　9. ×　10. ×
11. ×　12. ×　13. √

五、解释现象

1. 一些块根(茎)作物施用氮肥太多时,为什么只长秧不长块根(茎)?

答:氮肥过多,光合作用所产生的碳水化合物大量用于合成蛋白质,促进植株茎秆生长;光合产物在块根(茎)中的积累减少,使其生长受抑制。

2. 进行溶液培养时,为什么要向溶液中打气,同时还要定期更换新鲜溶液?

答:向溶液中打气可提高培养液中的含氧量,增加根系的有氧呼吸,为根系主动吸收矿质元素提供充足能量。植物培养一段时间后,由于根系对矿质元素的选择性吸收,导致培养液中各种元素的比例失调,通过定期更换新鲜溶液来维持培养液的平衡性。

3. 缺 P 时,番茄苗叶片呈暗绿色。

答:缺 P 初期,由于缺磷的细胞其生长受影响的程度超过了叶绿素合成所受的影响,单位叶面积上积累的叶绿素多,故叶色暗绿。

4. 缺 Zn 时,果树出现小叶病或簇叶病。

答:缺锌时,植物体内 IAA(吲哚乙酸)合成锐减,尤其是芽和茎中的含量明显下降,植物生长发育呈现停滞状态,其典型表现是叶片变小,节间缩短等,通常称为"小叶病"或"簇叶病"。北方果园苹果、桃、梨等果树在春季易出现。

5. 水稻秧苗在栽插后有一个叶色先落黄后返青的过程。

答：水稻秧苗在栽插初期,由于根系根毛区受损严重,无法大量吸收水分和矿质营养,叶色变黄；随时间推移,水稻根系生长恢复,吸收水分和矿质营养的能力不断提高,植株返青。

6. 叶片中的天冬酰胺或淀粉含量可作为作物施用 N 肥的生理指标。

答：当 N 素供应过量时,某些作物就将多余的 N 以天冬酰胺的形式贮备起来,这也可消除 NH_3 对植物的毒害作用；某些作物则大量消耗光合产物用以同化 N,而用以合成淀粉的光合产物减少,叶中淀粉含量下降。当 N 素供应不足时,则叶中天冬酰胺的含量很低或难以测出,有的作物由于用于 N 同化的光合产物减少,结果叶中的淀粉含量增加。正因为某些作物叶片中的天冬酰胺或淀粉的含量随 N 素丰缺的变化而变化,所以,叶中的天冬酰胺或淀粉含量可作为作物施用 N 肥的生理指标。

六、问答题

1. 土壤中矿质元素是怎样进入根细胞的？

答：首先进行离子的交换吸附；然后离子通过自由空间进入皮层内部,通过内部空间(共质体)进入木质部；最后进入导管,向地上部分运输。

2. 影响植物根部吸收矿质盐的主要因素有哪些？

答：(1)温度　在一定温度范围内,随土温升高而加快。

(2)通气状况　在一定范围内,氧气供应越好,吸收矿质越多。

(3)溶液浓度　在较低浓度范围内,随浓度升高而吸收增多。

3. 植物必需元素应满足哪几条标准？目前已知植物必需元素共有多少种？其中大量与微量元素各为多少种？各指哪些元素？

答：(1)三条标准　①缺乏时发育障碍,不能完成生活史；②除去该元素时表现出特异病症,并可由加入该元素而恢复正常；③在营养生理上表现出直接效果,而不是由土壤性质或微生物的改变等间接作用产生。

(2)目前已知植物必需元素共有 17 种,其中：

大量元素 9 种——C、H、O、N、P、K、Ca、Mg、S；微量元素 8 种——Fe、Mn、B、Zn、Cu、Mo、Cl、Ni。

4. 土壤中氮素过多或不足,对植物的生长和发育有何影响？

答：氮肥过多,光合作用所产生的碳水化合物大量用于合成蛋白质、叶绿素和其他含氮化合物,叶色墨绿,叶大而厚且易披垂,组织柔嫩,贪青晚熟,易倒伏和易感病虫害等。

氮肥不足,阻碍蛋白质、核酸、磷脂的合成,可造成植物生长缓慢,植株矮小,茎秆纤细,叶小而早衰,分蘖少,籽粒干瘪,根系细长而分支少。由于氮素可重复再利用,因此缺氮症状首先从老叶开始。

5. 在含有 Fe、K、P、Ca、B、Mg、Cu、S、Mn 等营养元素的培养液中培养棉花,当棉苗第四片叶展开时,在第一片叶上出现了缺绿症,问该缺乏症是由于上述元素中哪种元素含量不足而引起的？为什么？

答：是由于 Mg 的含量不足而引起的。在上述元素中能引起缺绿症的元素有 Mg、Cu、S、Mn、Fe。这五种元素中只有 Mg 属于再利用元素,它的缺乏症一般表现在老叶上；而 Cu、S、Mn、Fe 属于不能再利用元素,它们的缺乏症表现在嫩叶上。当棉苗第四叶(新叶)展开时,在第一片叶(老叶)上出现了缺绿症,可见缺乏的是再利用元素 Mg 而不是其他元素。

6. 论述光对植物体内硝酸盐代谢的影响。

答:在绿色叶片中,光照与硝酸盐代谢之间存在着密切的相关性。试验证明,叶片中硝态氮的还原有明显的昼夜性;降低光照时,硝酸还原酶活性下降,当恢复强光照时,酶的活性提高。

7. 试述盐分吸收与水分吸收的关系。

答:植物对盐分与水分的吸收是相对的,既相互统一,又相互独立。相互统一,表现在盐分必须溶解于水中方能被吸收。相互独立,表现在二者被吸收的机理不同。吸盐以主动过程为主,而吸水则以被动吸收为主。

8. 一位学生配制了四种溶液,每种溶液的总浓度都相同。他用这些溶液培养已发芽的小麦种子,2 周后测得数据见下表,请问处理 1 和 2 中的小麦根为什么特别短?

处理	溶液	根长/mm
1	NaCl	59
2	CaCl$_2$	70
3	NaCl+CaCl$_2$	254
4	NaCl+CaCl$_2$+KCl	324

答:植物被培养在某种单一的盐溶液中,不久即呈现不正常状态,最后死亡。这种现象叫单盐毒害。而在发生单盐毒害的溶液中加入少量不同化合价的金属离子,就可解除单盐毒害,这种现象称为离子拮抗。处理 1 和 2 中的小麦根短是由于发生了单盐毒害。

9. 为什么说施肥增产的原因是间接的? 主要表现在哪些方面?

答:施用的肥料大部分是无机肥料,而作物的干物质和产品都是有机物,矿物质只占植株干重的小部分(百分之几到十几),大部分干物质是通过光合作用形成的,所以,施肥增产的原因是间接的。主要表现在:施肥可增强光合性能,如增大光合面积,提高光合能力,延长光合时间,利于光合产物分配利用等等,可见施肥增产的实质在于改善光合性能。另外,施肥还能改善栽培环境,特别是土壤条件。

10. 如何才能做到合理施肥?

答:合理施肥就是根据不同植物的需肥特点,适时适量施肥。(1)根据不同作物特点及收获物的不同而施肥;(2)按作物不同生育期的需要施肥;(3)根据某植物的形态指标和生理指标进行施肥。形态指标包括"相貌""叶色"等。如叶色深,则表示 N 和叶绿素含量都高,反映体内蛋白质合成多,以氮代谢为主;叶色浅,反映 N 和叶绿素含量低,体内蛋白质合成少,糖类合成多,植株以碳代谢为主。生理指标包括营养元素、酰胺含量及某些酶活性的高低。通过检测植物组织中养分浓度来判断是否需要施肥。若低于临界浓度,则应及时补肥。若适量或在临界浓度以上,则不必施肥。植株体内酰胺含量高,表示 N 素营养充足,反之,则说明 N 素营养不足,需要施肥补充。缺 Mo 时,硝酸还原酶活性下降;缺 Cu 时,抗坏血酸和多酚氧化酶的活性下降。因此,可通过酶活性检测来判断是否需要施肥。

【学习目的与要求】

通过本章学习，了解光合作用的概念、意义及其研究历程；从叶绿体的结构认识其生理功能并了解光合色素的种类及其理化性质；掌握光合作用原初反应、电子传递和光合磷酸化的机理和意义；掌握光合碳同化的基本生化途径以及不同碳同化类型植物的光合特性；掌握光呼吸的概念、基本生化途径及其生理功能并了解 C_3 循环与 C_2 循环的关系；掌握光合产物的运输与分配及韧皮部运输的机理；掌握环境因子对光合作用的影响；了解光合作用与作物产量的关系并掌握提高光能利用率的途径与措施。

【重点和难点】

重点

(1)光合作用机理；(2)光合产物运输与分配；(3)影响光合速率的环境因子。

难点

(1)光合色素对光的吸收；(2)原初反应；(3)碳同化；(4)光强-光合速率曲线。

【学习要点】

3.1　叶绿体及其色素

绿色植物吸收光能、同化 CO_2 和 H_2O、制造有机物质并释放 O_2 的过程，称为光合作用。光合作用的整个过程可以用下列方程式表示：

$$CO_2 + H_2O^* \xrightarrow[\text{绿色植物}]{\text{光能}} (CH_2O) + O_2^*$$

绿色植物的叶片是进行光合作用的主要器官，叶绿体是进行光合作用的重要细胞器。叶绿体由被膜、基质和类囊体三部分组成。类囊体膜上含有由多种亚基、多种成分组成的蛋白复合体，是光合作用的光反应场所，被称为光合膜。

叶绿体色素排列在类囊体膜上，主要有三类：叶绿素、类胡萝卜素和藻胆素。高等植物叶绿体中含有前两类。叶绿素是叶绿酸的酯，其中的两个羧基分别与甲醇和叶绿醇发生酯化。叶绿素分子含有一个卟啉环的"头部"和一个叶绿醇的"尾巴"。卟啉环的中央是镁原子，具有极性，是亲水的。叶绿醇是亲脂的脂肪链，决定了叶绿素的脂溶性。卟啉环中的镁可被 H^+、Cu^{2+}、Zn^{2+} 等所置换。类胡萝卜素是一类由 8 个异戊二烯单位组成的，含有 40 个碳原子的化合物,不溶于水而溶于有机溶剂。

叶绿素对光波最强的吸收区有两个:一个在波长为 640~660 nm 的红光部分,另一个在波长为 430~450 nm 的蓝紫光部分。类胡萝卜素的最大吸收峰在 400~500 nm 的蓝紫光区。当叶绿素分子吸收光量子后,就由最稳定的基态上升到不稳定的激发态。叶绿素溶液在透射光下呈绿色,而在反射光下呈红色,这种现象称为叶绿素荧光现象。

高等植物叶绿素的生物合成是以谷氨酸与 α-酮戊二酸为底物,在一系列酶的催化作用下合成叶绿素。光照、温度、水分和矿质元素等影响叶绿素的合成。

3.2 光合作用机理

整个光合作用过程可大致分为三个步骤:①光能的吸收、传递和转换为电能的过程(通过原初反应完成);②电能转变为活跃化学能的过程(通过电子传递和光合磷酸化完成);③活跃的化学能转变为稳定化学能的过程(通过碳同化完成)。第一、二两个步骤属于光反应,第三个步骤属于暗反应。

1. 原初反应

原初反应是指从光合色素分子被光激发,到引起第一个光化学反应为止的过程,它包括光能的吸收、传递与转换。类囊体膜上的光合色素可分为反应中心色素和天线色素两类。光合单位包括聚光色素系统和光反应中心两部分。光化学反应是在光反应中心进行的。光反应中心包括反应中心色素分子、原初电子受体和次级电子供体。根据红降现象和双光增益效应,推测光合作用可能包括两个不同的光化学反应。后来,进一步证实光合作用分别由两个光系统完成。一个是吸收短波红光(680 nm)的光系统 II(PS II,反应中心色素 P_{680}),另一个是吸收长波红光(700 nm)的光系统 I(PS I,反应中心色素 P_{700})。这两个光系统是以串联的方式协同作用的。

2. 光合电子传递与光合磷酸化

光合电子传递链是指存在于光合膜上、一系列互相衔接的电子传递体组成的电子传递轨道。现在被广泛接受的光合电子传递途径是"Z"方案,主要由光合膜上的 PS II、Cyt b6/f、PS I 三个复合体串联组成。在类囊体上存在放氧复合体,参与水的裂解和氧的释放。水氧化钟或 Kok 钟模型很好地解释了水的光解放氧机制。光合电子传递链存在非环式电子传递、环式电子传递和假环式电子传递三种类型。叶绿体在光照下利用无机磷(Pi)与二磷酸腺苷(ADP)合成 ATP 的过程称为光合磷酸化。光合磷酸化与三种光合电子传递相偶联,合成的 ATP 和 NADPH 称为同化力,用于二氧化碳的同化。

3. 碳同化

碳同化,是指植物利用光反应中形成的同化力(ATP 和 NADPH),将 CO_2 转化为碳水化合物的过程。二氧化碳同化是在叶绿体的基质中进行的,有多种酶参与反应。高等植物的碳同化途径有三条,即 C_3 途径、C_4 途径和 CAM(景天酸代谢)途径。相应的植物被称为 C_3 植物、C_4 植物和 CAM 植物。C_3 途径又称卡尔文(Calvin)循环,是植物光合作用固定 CO_2 的基本循环,经过羧化、还原和再生三个阶段,最终形成三碳糖——3-磷酸甘油醛(PGAld)。1,5-二磷酸核酮糖羧化酶/加氧酶(Rubisco)是卡尔文循环中最初接收 CO_2 的酶,可催化 1,5-二磷酸核酮糖(RuBP)与 CO_2 结合形成 2 分子 3-磷酸甘油酸(3-PGA)。C_3 途径有自动催化调节、光调节和光合产物的输出调节等三种调节机制。

Rubisco 具有羧化和加氧双重功能。当 CO_2 分压低而 O_2 分压高时,可催化 RuBP 与 O_2 生成 1 分子 PGA 和 1 分子磷酸乙醇酸。光呼吸的生化过程是乙醇酸的氧化代谢途径,由叶绿体、过氧化物酶体和线粒体三种细胞器协同完成。光呼吸的生理功能是消耗多余能量,对光合器官起保护作用;同时还可回收 75% 的碳,避免损失过多。

C_4 植物被称为高光效植物,具有较高的光合速率,主要原因是 C_4 途径的 PEP 羧化酶与 CO_2 亲和力极高,有"CO_2 泵"浓缩 CO_2 的机制,使得维管束鞘细胞(BSC)中有高浓度的 CO_2,促进 Rubisco 的羧化反应,有效降低其光呼吸。

在 C_3、C_4 和 CAM 三条途径中,C_3 途径是植物光合碳代谢最基本、最普遍的途径,也只有这条途径才具备合成淀粉等产物的能力;C_4 植物和 CAM 植物形成糖类除需要 C_4 途径和CAM 途径外,还需要最终通过 C_3 途径。C_4 植物 CO_2 固定和同化分别在叶肉细胞和维管束鞘细胞中完成,CAM 植物则是分别在夜间和白天完成,可以说 C_4 途径和 CAM 途径是对 C_3 途径的补充。

3.3　光合产物的运输与分配

叶片是光合产物的主要制造器官,主要产物是淀粉和蔗糖。光合产物的运输与分配,无论对植物的生长发育,还是对农作物产量和品质的形成都是十分重要的。

1. 光合产物的运输

按照同化物运输距离的长短,可分为短距离运输和长距离运输。短距离运输主要是指胞内与胞间运输,主要靠扩散和原生质的吸收与分泌来完成;长距离运输指器官之间的运输,叶片合成的同化物主要通过韧皮部运输。

蔗糖是光合产物运输的主要形式。光合产物运输的方向取决于代谢源与代谢库的相对位置,可进行双向运输或横向运输。同化物韧皮部装载是指光合产物从合成部位通过共质体和质外体进行胞间运输,最终进入筛管的过程。光合产物在源端的装载被证明是一个主动的分泌过程,受 H^+-ATP 酶和蔗糖质子载体调节。韧皮部卸出是指光合产物从筛管分子-伴胞(SE-CC)复合体进入库细胞的过程。蔗糖或其他有机物从筛管分子卸出到库的过程对于韧皮部光合产物运输、分配以及作物最终经济产量等都起重要的调节作用。

压力流动假说是阐释光合产物在韧皮部运输的基础理论。该假说认为源端光合产物被不断地装载到 SE-CC 复合体中,压力势升高;在库端,光合产物不断地从 SE-CC 复合体卸出,引起库端压力势下降。源库两端产生的压力势差是推动物质由源到库源源不断流动的主要动力。细胞质泵动学说和收缩蛋白学说分别对光合产物的双向运输和动力不足进行了补充。

2. 光合产物的分配

代谢源是指能够制造并输出光合产物的组织、器官或部位。代谢库是指消耗或贮藏光合产物的组织、器官或部位。植物体内光合产物分配的总规律是由源到库,即由某一源制造的光合产物主要流向与其组成源库单位中的库。光合产物的分配主要有以下几个特点:①优先供应生长中心;②就近供应,同侧运输;③功能叶之间无光合产物供应关系。

植物体除了已构成细胞壁的物质外,其他成分无论是有机物还是无机物都可以被再分配再利用。光合产物再分配的这一特点可以在生产上加以利用。例如我国北方农民在玉米种植中,利用"蹲棵",促进秸秆中有机物质向籽粒中再分配,以提高产量。

光合产物的运输与分配受源的供应能力、库的竞争能力和输导系统的运输能力 3 个因素影响。环境因素中的温度、光照、水分以及矿质元素也可影响光合产物运输。

3.4　光合作用的生态生理

叶龄、叶的结构以及叶绿体和类囊体的数目等内部因素对光合速率有影响。光照、二氧化碳浓度、温度、水分和矿质营养等外界因素对光合速率也有影响。

1.光照

通过在不同光强下测定光合速率，可以作出光合作用的光强-光合速率曲线。光强-光合速率曲线有比例阶段与饱和阶段。在比例阶段，光合速率随光强增大而增加，当光合速率与呼吸速率相等时，净光合速率为零，对应的光强即为光补偿点；当光强达到某一强度时，光合速率就不再随光强增加而增加，这时的光强称为光饱和点。光补偿点和光饱和点是植物需光特性的主要指标。间作和套作时作物种类的搭配，林带树种的配置，间苗、修剪、采伐的程度，冬季温室栽培蔬菜等都与光补偿点有关。当植物吸收的光能超过其所需时，过剩的激发能会降低光合效率，这种现象称为光合作用的光抑制。严重的光抑制还会导致光破坏或光氧化。光合作用的作用光谱与叶绿体色素的吸收光谱是大致吻合的。红光和蓝紫光是光合作用的有效光，而绿光是光合作用的低效光。

2.二氧化碳浓度

CO_2-光合速率曲线与光强-光合速率曲线相似，有比例阶段与饱和阶段。在比例阶段，光合速率随 CO_2 浓度增高而增加，当光合速率与呼吸速率相等时，对应的 CO_2 浓度即为 CO_2 补偿点；当 CO_2 达到某一浓度时，光合速率便达最大，对应的 CO_2 浓度称为 CO_2 饱和点。C_4 植物的 CO_2 补偿点和 CO_2 饱和点均低于 C_3 植物。凡是能提高 CO_2 浓度差和减少气孔阻力的因素都可以促进 CO_2 的流通，提高光合速率。

3.温度

光合作用的暗反应是由酶催化的化学反应，其反应速率受温度影响，因此，温度也是影响光合速率的重要因素。光合作用的温度三基点（最低温度、最适温度和最高温度）因植物种类不同而有很大差异。

4.水分

水是光合作用的原料之一，没有水光合作用无法进行。缺水会使植物的光合速率下降。在水分轻度亏缺时，供水后尚能使光合能力恢复。倘若水分亏缺严重，供水后叶片水势虽可恢复至原来水平，但光合速率却难以恢复至原有程度。土壤水分过多时，通气状况不良，会间接影响植物的光合作用。

5.矿质营养

矿质营养在光合作用中的功能极为广泛，归纳起来有以下几方面：①叶绿体结构的组成成分；②电子传递体的重要成分；③磷酸基团的重要成分，构成同化力的 ATP 和 NADPH，光合碳还原循环中所有的中间产物；④活化或调节因子。

6.光合作用的日变化

外界的光强、温度、水分、CO_2 浓度等每天都在不断变化着，因此，光合作用也呈现明显的日变化。如果气温过高，光照强烈，光合速率日变化呈双峰曲线，大峰出现在上午，小峰出现在下午,中午前后光合速率下降,呈现光合作用的"午休"现象。

3.5 光合作用与作物生产

植物的光能利用率低,因此提高作物产量的根本途径是改善植物的光合性能。光合性能是指光合系统的生产性能,是决定作物光能利用率及产量的关键因素。光合性能包括光合能力、光合面积、光合时间、光合产物的消耗和光合产物的分配利用。根据光合作用的原理,提高作物产量的途径是:提高光合能力、增加光合面积、延长光合时间、减少有机物质消耗和提高经济系数等。

【自测题】

一、名词解释

1. 光合作用;2. 原初反应;3. 光合链;4. 水氧化钟;5. PQ 穿梭;6. 光合磷酸化;
7. 光合单位;8. Hill 反应;9. 荧光现象与磷光现象;10. 单线态与三线态;11. 红降现象;
12. 双光增益效应;13. CAM 途径;14. C_4 途径;15. 碳同化;16. 天线色素;
17. Calvin 循环;18. 量子转化效率与量子需要量;19. 光能利用率;20. CO_2 补偿点;
21. 叶面积指数;22. CO_2 饱和点;23. 光补偿点;24. 光饱和点;25. 代谢源与代谢库;
26. 源库单位;27. P 蛋白;28. 筛管分子-伴胞复合体;29. 压力流动假说;
30. 细胞质泵动学说;31. 收缩蛋白学说。

二、填空题

1. 叶绿体主体结构主要由_____、_____和_____组成。光合色素和电子传递体主要分布在_____,碳同化涉及的主要酶类分布在_____。

2. 矿质元素_____是叶绿素的组成成分,缺乏时不能形成叶绿素,而_____等元素也是叶绿素形成所必需的,缺乏时也产生缺绿症。

3. 光合碳循环是在一系列酶的催化下进行的,其中_____、_____、_____及_____等酶都是光调节酶,它们中的_____是 CO_2 同化的关键酶。

4. 叶绿素卟啉环中的镁被_____置换后,形成褐色的去镁叶绿素,被_____置换后形成比原来叶绿素更鲜艳稳定的绿色。故制备浸制标本时,常用_____溶液处理。

5. 光合生物所含有的光合色素可分为_____、_____、_____三类。

6. 合成叶绿素分子中吡咯环的起始物质是_____。在被子植物中光在形成叶绿素时的作用是使_____还原成_____。

7. 叶绿素吸收高峰在_____光区和_____光区;类胡萝卜素吸收高峰在_____光区。

8. 光合作用的光反应是在叶绿体的_____上进行的,CO_2 的固定和还原则是在叶绿体的_____中进行的。

9. 写出下列光合电子传递体的中文名称:

Q_____、PQ_____、PC_____和 Fd_____。

10. 光合磷酸化有下列三种类型,即_____、_____和_____,通常情况下_____占主要地位。

11. 在非环式电子传递中,光系统Ⅱ吸收的光能主要用于_____和_____,而光系统Ⅰ

吸收的光能则使_____还原。

12. 光合作用中水的光解是与_____电子传递相偶联的,1 分子水的光解需要吸收_____个光量子。

13. 高等植物叶绿素主要有_____和_____两种,二者含量比值约为_____。叶绿素分子含有一个_____的"头部",决定了叶绿素具有一定的_____性;"尾部"是_____结构,决定了叶绿素具有一定的_____性。

14. 光合作用原初反应的主要步骤是光能的_____、_____和_____。

15. 在光合作用中具有双重催化功能的酶是_____。它可以催化_____反应和_____反应。

16. 根据现代概念,光合作用机理可分为_____、_____和_____三个相互联系的环节。

17. CAM 植物的气孔夜间_____,白天_____。夜间通过_____酶羧化 CO_2 生成大量的_____运往_____贮藏,黎明后又转入细胞质,氧化脱羧,所以傍晚的 pH_____,黎明前的 pH_____。

18. 在光合碳循环中 RuBP 羧化酶催化_____和_____生成_____;PEP 羧化酶催化_____和_____生成_____。

19. 光合作用中淀粉的形成是在_____中进行的,蔗糖的合成则是在_____中进行的。

20. 光合磷酸化是在_____上进行的,C_4 植物的 C_3 途径是在_____细胞中进行的,C_3 植物的卡尔文循环是在_____细胞中进行。

21. 光补偿点是指叶片的_____和_____相等时,也就是_____为零时外界环境的光强。

22. C_4 植物的 CO_2 补偿点比 C_3 植物_____。

23. CAM 植物的含酸量是白天比夜间_____,而碳水化合物量则是白天比夜间_____。

24. 光呼吸的底物是_____,光呼吸中底物的形成和氧化分别在_____、_____和_____三个细胞器中进行。

25. 有机物总的分配方向是由_____到_____。

26. 稻麦作物抽穗后,剪去部分叶片,穗重_____。当去穗后,叶光合产物输出_____,并且光合速率明显_____。

27. 无机磷含量对光合产物的转运具有调节作用,源叶内无机磷含量高时,则促进光合产物从_____到_____的输出,促进细胞质内_____的合成。

28. 多数实验证明,水稻抽穗期叶片喷施 GA,会_____同化物质向籽粒内的分配比率,延长_____期。

29. 同化物从绿色细胞向韧皮部装载的途径可能是_____→_____→_____→韧皮部筛管分子。

30. 从源库间的关系看,在源大于库时,籽粒的增重受_____的限制;在源小于库时,籽粒的增重受_____的影响。

31. 昼夜温差对同化物分配有明显的影响,若_____,同化物质向籽粒分配明显降低。

32. 通常用_____、_____、_____等处理来改变源强,而采用_____、_____、_____等处理来改变库强。

33. 植物体内有机物长距离运输的部位是_____,运输的方向有_____和_____两种。

34. 植物筛管中含量最高的有机物是_____,而含量最高的矿物质是_____。

35. 影响光合产物运输的矿质元素,主要有_____、_____、_____和_____。

36. 研究有机物运输的途径可采用_____和_____方法,研究有机物运输形式的最巧妙方法是_____。

三、单项选择题

1. 光合作用中释放的氧来源于(　　)。

(A)CO_2 　　　　(B)H_2O 　　　　(C)RuBP 　　　　(D)ATP

2. P_{700} 的次级电子供体是(　　)。

(A)Cyt 　　　　(B)$NADP^+$ 　　　　(C)Q 　　　　(D)PC

3. 植物处于光补偿点时的光强下,净光合速率(　　)。

(A)大于 0 　　　　(B)小于 0 　　　　(C)等于 0 　　　　(D)大于或等于 0

4. 光合作用中,暗反应的反应式可以表示为(　　)。

(A)$12H_2O+12NADP^++nPi \rightarrow 12NADPH+6O_2+nATP$

(B)$6CO_2+12NADPH+nATP \rightarrow C_6H_{12}O_6+12NADP^++6H_2O+nADP+nPi$

(C)$12NADPH+6O_2+nATP \rightarrow 12H_2O+12NADP^++nADP+nPi$

(D)$6CO_2+12H_2O+nADP \rightarrow C_6H_{12}O_6+6O_2+6H_2O+nATP$

5. Rubisco 由(　　)个大亚基和(　　)个小亚基组成。

(A)12、4 　　　　(B)6、10 　　　　(C)8、8 　　　　(D)10、6

6. 用活力最高的植物材料在暗反应不起限制作用的条件下,能测得的光合放氧的最低量子需要量为(　　)。

(A)8～12 　　　　(B)1～4 　　　　(C)16～24 　　　　(D)5～7

7. C_4 植物 CO_2 固定的最初产物是(　　)。

(A)草酰乙酸 　　(B)磷酸甘油酸 　　(C)果糖-6-磷酸 　　(D)核酮糖二磷酸

8. C_4 途径中,CO_2 的受体是(　　)。

(A)草酰乙酸 　　　　　　　　(B)天冬氨酸

(C)磷酸烯醇式丙酮酸 　　　　(D)核酮糖二磷酸

9. C_4 植物 C_4 途径产生的苹果酸,由叶肉细胞转移至维管束鞘细胞中,其脱羧反应所需要的酶是(　　)。

(A)PEP 羧化酶 　　　　　　　(B)NADP-苹果酸酶

(C)PEP 羧激酶 　　　　　　　(D)丙酮酸磷酸双激酶

10. C_4 植物 C_4 途径中苹果酸转移至维管束鞘细胞脱羧后产生的丙酮酸经(　　)的催化形成 PEP。

(A)PEP 羧化酶 　　　　　　　(B)PEP 羧激酶

(C)丙酮酸磷酸双激酶 　　　　(D)腺苷酸激酶

11. 具 CAM 途径的植物,其气孔一般是(　　)。

(A)昼开夜闭 　　(B)昼闭夜开 　　(C)昼夜均开 　　(D)昼夜均闭

12. 仙人掌和凤梨是(　　)植物。

(A)C_3 　　　　(B)C_4 　　　　(C)C_3-C_4 中间型 　　(D)CAM

13. RuBP 羧化酶的活化剂是(　　　)。
(A)Cu　　　　(B)Fe　　　　(C)Mg　　　　(D)Zn

14. 在卡尔文循环中最先形成的三碳糖是(　　　)。
(A)磷酸甘油醛　(B)磷酸甘油　(C)磷酸甘油酸　(D)磷酸丙酮酸

15. 在卡尔文循环中,催化1,5-二磷酸核酮糖接受 CO_2 形成 3-磷酸甘油酸反应的酶是(　　　)。
(A)PEP 羧化酶　(B)RuBP 羧化酶　(C)丙酮酸羧化酶　(D)Ru5P 激酶

16. 光合链运转正常后,突然降低环境中的 CO_2 浓度,则光合链中的中间产物含量会发生(　　　)的瞬时变化。
(A)RuBP 的量突然升高,而 PGA 的量突然降低
(B)PGA 的量突然升高,RuBP 的量突然降低
(C)RuBP 和 PGA 的量均突然降低
(D)RuBP 和 PGA 的量均突然升高

17. (　　　)和光合电子传递是产生化学能和产生固定 CO_2 所需还原力的两个光诱导过程。
(A)光合放氧　　(B)CO_2 被固定　(C)氧化磷酸化　(D)光合磷酸化

18. 光合作用中,光系统Ⅰ反应中心色素分子是(　　　)。
(A)P_{450}　　　　(B)P_{600}　　　　(C)P_{680}　　　　(D)P_{700}

19. 组成叶绿素卟啉环的中心原子是(　　　),组成血红素的中心原子是(　　　)。
(A)Cu;Fe　　(B)Fe;Mn　　(C)Zn;Co　　(D)Mg;Fe

20. 春天树木发芽时,叶片展开前,茎秆内糖分运输的方向是(　　　)。
(A)从形态学上端运向下端　　(B)从形态学下端运向上端
(C)既不上运也不下运　　　　(D)双向运输

21. P 蛋白存在于(　　　)中。
(A)导管　　　(B)管胞　　　(C)筛管　　　(D)伴胞

22. 植物体内有机物转运的方向是(　　　)。
(A)只能从高浓度向低浓度转运,而不能从低浓度向高浓度转运
(B)既能从高浓度向低浓度转运,也能从低浓度向高浓度转运
(C)长距离运输是从高浓度向低浓度转运,短距离运输也可逆浓度方向进行
(D)转运方向无任何规律

23. 温度可影响同化物的运输,当气温高于土温时(　　　)。
(A)有利于同化物向根部运输　　(B)有利于同化物向地上运输
(C)只影响运输速度,不影响运输方向　(D)对同化物运输速度和方向均无影响

24. 光对光合作用的影响,必然会反映到同化物的分配和运输,一般是(　　　)。
(A)白天同化物运输快于夜晚　　(B)白天、夜晚同化物运输量相同,运输方向不同
(C)白天同化物运输慢于夜晚　　(D)无法比较

25. (　　　)实验表明,韧皮部内部具有正压力,这可为压力流动假说提供证据。
(A)环割　　　(B)蚜虫吻针法　(C)伤流　　　(D)蒸腾

26. 在筛管汁液中含量最高的离子是(　　　　)。

(A)Al^{3+}　　　　　　(B)Cl^-　　　　　　(C)Ca^{2+}　　　　　　(D)K^+

四、判断题

1. 环境中温度升高时,植物光补偿点降低。(　　　)

2. CAM植物一般抗旱能力较C_3植物高。(　　　)

3. PEP羧化酶对CO_2的亲和力和K_m值均比RuBP羧化酶高。(　　　)

4. 植物在光下不存在暗反应。(　　　)

5. CAM途径的植物气孔在白天开放时,由PEP羧化酶羧化CO_2,并形成苹果酸贮藏在液泡中。(　　　)

6. 光呼吸和暗呼吸是在性质上根本不同的两个过程。光呼吸的底物是由光合碳循环转化而来的。光呼吸的主要过程是乙醇酸的生物合成及氧化。(　　　)

7. 光合作用的暗反应是酶促反应,故与温度无关。(　　　)

8. 光合作用是一个释放氧的过程,不放氧的光合作用是没有的。(　　　)

9. RuBP羧化酶/加氧酶,是一个双向酶,在大气氧浓度的条件下,如降低CO_2浓度,则促进加氧酶的活性,增加CO_2浓度时,则促进羧化酶的活性。(　　　)

10. 绿色植物的气孔都是白天开放,夜间闭合。(　　　)

11. 黄化刚转绿的植物,其光饱和点比正常绿色植物的光饱和点低,因而其光合速率也比较低。(　　　)

12. 水的光解和氧的释放是光合作用原初反应的一部分。(　　　)

13. 叶绿体色素都吸收蓝紫光,而在红光区域的吸收峰则为叶绿素所特有。(　　　)

14. 所有光合生物都是在叶绿体中进行光合作用的。(　　　)

15. 在非环式电子传递中,来自O_2的电子最终被用来还原$NADP^+$为NADPH。(　　　)

16. 蓝光的能量比黄光的高(以光量子计算)。(　　　)

17. 木质部中的无机营养只向基部运输,韧皮部中的有机营养却只向上部运输。(　　　)

18. 昼夜温差大,可减少有机物质的呼吸消耗,促使同化物质向果实中运输,因而使瓜果的含糖量和禾谷类种子的千粒重增加。(　　　)

19. 如果将葫芦科植物的茎从根的基部切去,从切口处会有很多汁液流出,这说明筛管内有很大的正压力。(　　　)

20. 玉米接近成熟时,如将其连秆带穗收割后竖立成垛,则茎秆中的有机物仍可继续向籽粒中输送,对籽粒增重做出贡献。(　　　)

21. 小麦拔节后,无效分蘖死亡,其中的营养物质可撤离运入主穗或有效分蘖。(　　　)

22. 在植物的筛管汁液中,被运输的物质全是有机物,主要是碳水化合物,其中绝大多数是蔗糖。筛管不运输无机离子,无机离子是通过导管运输的。(　　　)

23. 早春,多年生植物的根部是有机物运输的源。(　　　)

24. 库大源小,超过源的负荷能力,造成了强迫输送分配,会引起库的部分空瘪和叶片功能期延长。(　　　)

五、解释现象

1. 秋末银杏叶变黄、枫叶变红。

2. 蚕豆种植过密,引起落花落荚。

3. 叶腋有花、果实或幼芽的叶片较无花、果实或幼芽的叶片光合速率高。

4. 冬季温室栽培蔬菜应避免高温,阴雨天注意补充光照。

5. 作物株型紧凑、叶片较直立,其群体光能利用率高。

6. 大树底下无丰草。

7. 树怕伤皮,不怕烂心。

8. 摘掉靠近棉花花蕾的叶片,蕾铃容易脱落。

9. 大豆和高粱放在同一密闭照光的室内,一段时间后大豆先死亡,高粱后死亡。

10. 玉米"蹲棵"可以提高粒重。

六、问答题

1. 在生产实践中如何利用光补偿点理论提高光合能力?举两例说明。

2. 论述提高光能利用率的措施。

3. 何谓光合诱导期(光合滞后期)?产生光合滞后期的原因是什么?

4. 试说明 C_4 植物的 CO_2 补偿点和饱和点都比 C_3 植物低的原因。

5. 何谓光合作用的光抑制?在作物生产中可采取哪些措施减轻或避免光抑制的发生?

6. 从植物生理与作物高产角度阐述你对光呼吸的评价。

7. 举出三种测定光合速率的方法,并简述其原理及优缺点。

8. 试述光对光合作用的影响。

9. 在一项试验中要比较两个处理的叶绿素含量。简述叶绿素的提取和测定方法。要尽量减少试验误差,在提取及测定时,主要应注意哪些问题?

10. 水分亏缺降低光合作用的主要原因有哪些?

11. 哪些矿质元素影响光合速率?

12. 试比较光呼吸和暗呼吸的差异。

13. C_3 植物和 C_4 植物有何不同之处?

14. 光合作用的光反应是在叶绿体哪部分进行的?可分为哪几大步骤?产物有哪些物质?暗反应在叶绿体哪部分进行?可分为哪几大阶段?产物有哪些物质?

15. 果树生产上常利用环割提高产量,为什么?若在果树主茎下端割较宽的环能提高果树的产量吗?为什么?

16. 何谓压力流动假说?它的主要内容是什么?该假说还有哪些不足之处?

17. 试说明有机物运输分配的规律。

18. 举例说明如何人工调节控制有机物的运输分配(至少举 3 例)。

【自测题参考答案】

一、名词解释

1. 光合作用(photosynthesis):绿色植物吸收光能、同化 CO_2 和 H_2O、制造有机物质并释放 O_2 的过程称为光合作用。光合作用分为光反应(原初反应、电子传递和光合磷酸化)和暗反应(碳同化)。

2. 原初反应(primary reaction):是光合作用起始的光物理化学过程,包括光能的吸收、传递与转换,即天线色素吸收光能并传递给反应中心色素分子,使之激发,被激发的反应中心色素分子将高能电子传递给原初电子受体,使之还原,同时又从次级电子供体获得电子,使之氧化。

3. 光合链(photosynthetic chain):也称光合电子传递链,是指存在于光合膜上、一系列互相衔接的电子传递体组成的电子传递轨道。现在被广泛接受的光合电子传递途径是"Z"方案,即电子传递是由两个光系统串联进行,其中的电子传递体按氧化还原电位高低排列,使电子传递链呈侧写的"Z"形。

4. 水氧化钟(water oxidizing clock):放氧复合体含有 4 个 Mn,包括 Mn^+、Mn^{2+}、Mn^{3+} 和 Mn^{4+}。按照氧化程度从低到高的顺序,将不同状态的含锰蛋白分别称为 S_0、S_1、S_2、S_3 和 S_4,即 S_0 不带电荷,S_1 带 1 个正电荷,依次到 S_4 带有 4 个正电荷。每一次闪光将 S 状态向前推进一步,直至 S_4。然后,S_4 从 2 个 H_2O 中获取 4 个 e^-,并回到 S_0。此模型称为水氧化钟或 Kok 钟。

5. PQ 穿梭(PQ shuttle):PQ 为质体醌,是光合链中含量最多的电子传递体,既可传递电子也可以传递质子,具有亲脂性,能在类囊体膜内移动。它在传递电子时,也将质子从间质输入类囊体内腔,PQ 在类囊体上的这种氧化还原反复变化称 PQ 穿梭。

6. 光合磷酸化(photo phosphorylation):叶绿体(或载色体)在光下把无机磷和 ADP 转化为 ATP,并形成高能磷酸键的过程。

7. 光合单位(photosynthetic unit):指同化 1 分子 CO_2 或释放 1 分子氧所需要的叶绿体色素分子数目。一个光合单位有 200～300 个色素分子,其中有一作用中心,人们把这一作用中心及其周围的几百个色素分子称为一个光合单位。叶绿体内存在两个光系统,它们各有一个作用中心及一群天线色素,而光合同化力的形成需要有两个光系统,故也有人把这两个作用中心及其周围的天线色素,合称为一个光合单位。

8. Hill 反应(Hill reaction):在有适当电子受体存在的条件下,叶绿体利用光使水光解,释放氧的同时还原电子受体,这一过程是 Hill 在 1940 年发现的,故称 Hill 反应。

$$H_2O + B \xrightarrow[\text{叶绿体}]{\text{光}} H_2B + \frac{1}{2}O_2$$

B 为受氢体,又称为希尔氧化剂。高铁氰化钾$[K_3Fe(CN)_6]$、草酸铁、醌类、醛类以及多种有机染料都可作为希尔氧化剂。

9. 荧光现象与磷光现象(fluorescence and phosphorescence):都是指叶绿素分子吸收光后的再发光现象。叶绿素 a、叶绿素 b 都能发出红色荧光,其寿命约为 10^{-9} s,是由第一单线态回到基态时的发光现象。叶绿素也能发射磷光,其寿命可达 $10^{-3}～10^{-2}$ s,是由三线态回到基态时所发出的。

10. 单线态与三线态(singlet state and triplet state):叶绿素分子中处于同一轨道的配对电子或处于不同轨道的配对电子,其自旋方向均相反时,分子的电子总自旋等于零,光谱学家称此种分子状态为单线态。处于不同轨道的原先配对的电子自旋方向相同,这时分子的结构对外界磁场有三种可能的取向,这种具有相同自旋的激发态叫作三线态。

11. 红降现象(red drop):在 20 世纪 40 年代,以绿藻和红藻为材料,研究其在不同光波下的光合效率,发现当光波波长大于 680 nm 时,虽然仍被叶绿素大量吸收,但量子产额急剧下降,这种现象称为红降现象。

12. 双光增益效应(two-photon enhancement effect):红光和远红光协同作用而增加光合效率的现象。

13. CAM 途径(crassulacean acid metabolism):有些植物夜间气孔开放,通过 C_4 途径固定二氧化碳,形成苹果酸,白天气孔关闭,夜间固定的 CO_2 释放出来,再经 C_3 途径形成碳水化合物,这种夜间吸收 CO_2,白天进行碳还原的方式,称 CAM 途径。通过这种方式进行光合作用的植物称为 CAM 植物,如仙人掌科和凤梨科的植物属 CAM 植物。

14. C_4 途径(C_4 pathway):是 C_4 植物固定 CO_2 的途径,其 CO_2 受体是 PEP,固定后的初产物为四碳二羧酸,即草酰乙酸,故称 C_4 途径或四碳二羧酸途径。

15. 碳同化(carbon assimilation):植物利用光反应形成的同化力(NADPH 和 ATP)将 CO_2 还原成糖类化合物的过程。

16. 天线色素(antenna pigment):在光合作用中,真正能发生光化学反应的光合色素仅占很少一部分,其余的色素分子只起捕获光能的作用,称为天线色素,或称聚光色素,又称捕光色素。这些色素吸收的光能都要传递到反应中心色素分子才能引起光化学反应。

17. Calvin 循环(the Calvin cycle):指由美国生物化学家、植物生理学家卡尔文和本森等发现的光合碳循环,又称 C_3 途径、还原磷酸戊糖循环。它是 CO_2 固定和还原的主要途径,其 CO_2 的受体是 RuBP,CO_2 固定后的初产物是 PGA。

18. 量子转化效率与量子需要量(quantum efficiency and requirements):以光量子为基础的光合效率称为量子转化效率或量子产额,即每吸收一个光量子所引起的释放氧气或同化 CO_2 的分子数。而同化一分子 CO_2 或释放一分子氧所需的光量子数,称为量子需要量。量子需要量是量子转化效率的倒数。

19. 光能利用率(light utility efficiency):指单位面积上的植物光合作用积累的有机物中所含的化学能占照射在相同面积上光能的百分比,是衡量植物利用光能效率的指标。

20. CO_2 补偿点(CO_2 compensation point):在 CO_2 饱和点以下,净光合作用吸收的 CO_2 与呼吸和光呼吸释放的 CO_2 达动态平衡,这时环境中的 CO_2 浓度称为 CO_2 补偿点。

21. 叶面积指数(leaf-area index):又称叶面积系数。指单位土地面积上,绿叶面积与土地面积的比值,是衡量光合面积大小的指标。作物高产与否,在一定范围内与叶面积指数呈正相关,但超过一定范围就会走向反面。这个合理的范围不是固定不变的,而是因作物的种类、品种特性和栽培条件而异。

22. CO_2 饱和点(CO_2 saturation point):在一定范围内,植物净光合速率随 CO_2 浓度增加而增加,但到达一定程度时再增加 CO_2 浓度,净光合速率不再增加,这时的 CO_2 浓度称为 CO_2 饱和点。

23. 光补偿点(light compensation point):在光饱和点以下,光合速率随光照强度的增加而增加,到某一光强时,光合作用中吸收的 CO_2 与呼吸作用中释放的 CO_2 达动态平衡,这时的光照强度称为光补偿点。

24. 光饱和点(light saturation point):在光照强度较低时,光合速率随光强的增加而相应增加,光强进一步提高时,光合速率的增加程度逐渐减小,当超过一定光强时即不再增加,这种现象称光饱和现象。开始达到光饱和现象时的光照强度称为光饱和点。

25. 代谢源与代谢库(metabolic source and metabolic sink):代谢源指植物制造和输出同化产物的组织、器官或部位,主要指进行光合作用的叶片等;代谢库指植物吸收和消耗同化产物的组织、器官或部位,这些组织、器官或部位生长旺盛,代谢活动非常活跃,如生长点,正在发育的幼叶、花、果实等。

26. 源库单位(source-sink unit):植物叶片的同化物,主要只供应某一部分器官或组织,它们之间在营养上是相互依存的。供给同化物的叶(代谢源)与从这片叶接受同化物的器官或组织和连通两者之间的供给关系,称为一个源库单位。

27. P蛋白(phloem protein):亦称韧皮蛋白,它可构成微管结构的蛋白质索,利用水解ATP释放的能量推动微管的收缩蠕动,从而推动物质的长距离运输。

28. 筛管分子-伴胞复合体(sieve element-companion cell complex):筛管分子邻近的伴胞可为筛管分子提供结构物质蛋白质,提供mRNA,维持筛管分子间渗透平衡,调节光合产物向筛管的装载与卸出,因此筛管分子通常与邻近的伴胞形成复合体,称为筛管分子-伴胞复合体,简称SE-CC复合体。

29. 压力流动假说(pressure flow hypothesis):压力流动假说认为,在源端(叶片),光合产物被不断地装载到SE-CC复合体中,浓度增加,水势降低,从邻近的木质部吸水膨胀,压力势升高;在库端,光合产物不断地从SE-CC复合体卸出到库中,浓度降低,水势升高,水分则流向邻近的木质部,从而引起库端压力势下降。于是在源库两端便产生了压力势差,推动物质由源到库源源不断地流动。

30. 细胞质泵动学说(cytoplasmic pumping theory):细胞质泵动学说认为,筛管分子内腔的细胞质呈几条长丝,形成胞纵连束,纵跨筛管分子,束内呈环状的蛋白质丝反复地、有节奏地收缩和张弛,产生蠕动,把细胞质长距离泵走,糖分随之流动,光合产物从一个筛管分子运到另一个筛管分子。这一学说可以解释光合产物的双向运输问题。

31. 收缩蛋白学说(contractile protein theory):收缩蛋白学说认为,筛管内的P蛋白是空心的管状物,成束贯穿于筛孔,P蛋白的收缩可以推动集流运动。P蛋白的收缩需要消耗代谢能量,将化学能转变为机械能,作为代谢动力推动液流流动。

二、填空题

1. 被膜,类囊体,基质,类囊体,基质。

2. Mg,Fe、Mn、Cu、Zn。

3. Rubisco,NADP-3-磷酸甘油醛脱氢酶(GAPDH),果糖-1,6-二磷酸磷酸酯酶(FBPase),景天庚酮糖-1,7-二磷酸磷酸酯酶(SBPase),核酮糖-5-磷酸激酶(Ru5PK),Rubisco。

4. H^+,Cu^{2+},醋酸铜。

5. 叶绿素,类胡萝卜素,藻胆素。

6. 5-氨基酮戊酸,原叶绿素酸酯a,叶绿素酸酯a。

7. 蓝紫,红,蓝紫。

8. 类囊体膜,基质。

9. 醌类,质体醌,质体蓝素,铁氧还蛋白。

10. 环式光合磷酸化,非环式光合磷酸化,假环式光合磷酸化,非环式光合磷酸化。

11. H_2O 的光解,质子泵入类囊体腔内,$NADP^+$。

12. 非环式,4。

13. 叶绿素 a,叶绿素 b,3∶1,金属卟啉环,亲水,叶绿醇,亲脂。

14. 吸收,传递,转换。

15. 1,5-二磷酸核酮糖羧化酶/加氧酶(Rubisco);羧化;加氧。

16. 原初反应,光合电子传递和光合磷酸化,碳同化。

17. 开启,关闭,PEP 羧化,苹果酸,液泡,高,低。

18. 1,5-二磷酸核酮糖;二氧化碳;3-磷酸甘油酸;磷酸烯醇式丙酮酸;二氧化碳;草酰乙酸。

19. 叶绿体,细胞质。

20. 类囊体膜,维管束鞘,叶肉。

21. 光合速率,呼吸速率,净光合速率。

22. 低。

23. 低,高。

24. 乙醇酸,叶绿体,过氧化物酶体,线粒体。

25. 代谢源,代谢库。

26. 下降,受抑制,下降。

27. 叶绿体,细胞质,蔗糖。

28. 增加,灌浆。

29. 叶肉细胞,质外体,伴胞。

30. 库接纳能力,源供应能力。

31. 昼夜温差小。

32. 整枝,打杈,合理施用 N 肥,打顶,疏花疏果,增施磷钾肥。

33. 韧皮部筛管,双向运输,横向运输。

34. 蔗糖,K^+。

35. N,P,K,B。

36. 环割法,同位素示踪法,蚜虫吻针法。

三、单项选择题

1. B　2. D　3. C　4. B　5. C　6. A　7. A　8. C　9. B　10. C　11. B
12. D　13. C　14. C　15. B　16. A　17. D　18. D　19. D　20. B　21. C
22. C　23. B　24. A　25. B　26. D

四、判断题

1. ×　2. √　3. ×　4. ×　5. ×　6. √　7. ×　8. ×　9. √　10. ×　11. ×
12. ×　13. √　14. ×　15. ×　16. √　17. ×　18. √　19. ×　20. √　21. √
22. ×　23. √　24. ×

五、解释现象

1. 秋末银杏叶变黄、枫叶变红。

答:正常叶的叶绿素和类胡萝卜素的分子比例为 3∶1,由于绿色的叶绿素比黄色的类胡萝卜素多,所以叶呈现绿色。秋末由于低温抑制了叶绿素的生物合成,已形成的叶绿素也被分解破坏,而类胡萝卜素比较稳定,所以叶片呈现黄色。秋天降温,体内积累较多的糖分以适应寒冷,体内可溶性糖多了,形成较多的花色素苷,叶子呈红色(注:特定植物,特定基因被特异性诱导表达,形成大量花青素)。

2. 蚕豆种植过密,引起落花落荚。

答:蚕豆种植过密,造成徒长,封行过早,中下层叶片所受的光照往往在光补偿点以下,这些叶片不但不能制造养分,反而消耗养分,变成消费器官,从而使处于下层的花荚因无法获得足够的营养而脱落。

3. 叶腋有花、果实或幼芽的叶片较无花、果实或幼芽的叶片光合速率高。

答:这是因为代谢库对代谢源具有调节作用。叶腋存在花、果实或幼芽时,代谢源产生的同化物可顺利输出,进入库细胞的蔗糖被合成贮藏物质,或者分解后用于库细胞的生长,从而使库细胞处于低浓度的蔗糖状态,保持了源库两端有较高的压力势差,这样使源端制造的光合产物源源不断地运入库细胞;而当叶腋无花、果实或幼芽时,同化物输出受阻,在叶片上积累,反馈抑制叶片的光合作用。

4. 冬季温室栽培蔬菜应避免高温,阴雨天注意补充光照。

答:由于温室的阻光增温效应,冬季温室栽培常呈现温度高、光线弱的环境特点。在环境光线相对较弱、温度过高下,植物的光合作用无显著增加,而呼吸作用增加显著,导致呼吸消化明显大于光合同化,不利于同化物在蔬菜营养体中的积累。因此,冬季温室栽培蔬菜应避免高温,阴雨天注意补充光照。

5. 作物株型紧凑、叶片较直立,其群体光能利用率高。

答:种植株型紧凑、叶片较直立的作物,可适当增加密度,减少光线反射损失,提高叶面积系数,因而能提高光能利用率。

6. 大树底下无丰草。

答:枝叶茂盛的大树下,光线弱,当光照强度低于光补偿点时,呼吸消耗大于光合,不利于草的生长;同时,从光质上考虑,对光合作用有利的红光和蓝光被大树叶片大量吸收,漏下来的大部分是对植物光合作用不利的无效光,也不利于草的生长。因此,大树底下无丰草。

7. 树怕伤皮,不怕烂心。

答:皮是韧皮部存在的部位,有机物质正是通过韧皮部向下运输到根部。树剥皮后,韧皮部被破坏,影响了有机物质的运输,时间一长会影响根系的生长,进而影响地上部分的生长,因而有树怕伤皮之说。树心为木质部存在部位,水分和矿质营养可通过木质部向上运输。树心因某种原因受损或者腐烂,一般只伤及已失去输导能力的初生木质部或心材部分,根系吸收的水分和矿质营养仍可通过次(新)生的木质部或边材部分向上运输,不影响植物的生活和生长,因而有不怕烂心之说。

8. 摘掉靠近棉花花蕾的叶片,蕾铃容易脱落。

答:代谢源是代谢库的供应者,摘掉靠近棉花花蕾的叶片,蕾铃将得不到充足的同化物,因“饥饿”而脱落。

9. 大豆和高粱放在同一密闭照光的室内,一段时间后大豆先死亡,高粱后死亡。

答:大豆是 C_3 植物,它的 CO_2 补偿点高于 C_4 植物高粱。随着光合作用的进行,密闭室内

的 CO_2 浓度越来越低,当低于大豆的 CO_2 补偿点时,大豆没有净光合,只有消耗,不久便死亡。此时的 CO_2 浓度仍高于高粱的 CO_2 补偿点,所以高粱仍能进行光合作用。当密闭室内的 CO_2 浓度低于高粱的 CO_2 补偿点时,高粱便因不能进行光合作用而死亡。

10. 玉米"蹲棵"可以提高粒重。

答:我国北方农民为了避免秋季早霜危害或提前倒茬,在预计严重霜冻来临之前,将玉米连根带穗提前收获,竖立成垛,称为"蹲棵"。由于同化物的再分配、再利用,"蹲棵"过程中茎叶中的光合产物仍能继续向籽粒中转移,从而提高粒重。

六、问答题

1. 在生产实践中如何利用光补偿点理论提高光合能力?举两例说明。

答:例一,合理密植。通过调节种植密度,使作物群体得到合理发展,达到最适的光合面积与最高的光能利用率。种植过稀,虽然个体发育良好,但群体叶面积不足,光能利用率低。种植过密,一方面下层叶片受光减少,当光强低于光补偿点时,不利于作物下层叶片光合;另一方面通风不良,造成冠层内 CO_2 浓度过低而影响光合。

例二,间种套种。将光合特性不同的作物间种套种,光补偿点低的植物较耐阴,如大豆的光补偿点仅 $3.165\ \mu mol \cdot m^{-2} \cdot s^{-1}$,所以可与玉米间作,在玉米行中仍能正常生长,可有效提高群体的光合效率。

2. 论述提高光能利用率的措施。

答:(1)提高光合能力　光合能力一般用光合速率表示。光合速率受作物本身光合特性和外界光、温、水、肥、气等因素的影响,合理调控这些因素才能提高光合速率。选用叶片挺厚、株型紧凑、光合效率高的作物品种,在此基础上创造合理的群体结构,改善作物冠层的光、温、水、气条件。夏秋季强光对花木、蔬菜有光抑制,如采用遮阳网或防虫网遮光,可避免强光伤害。早春采用塑料薄膜育苗或大棚栽培,可使温度提高,促进作物的光合作用。浇水施肥可促进光合面积的发展,提高光合机构的活性。

(2)增加光合面积　光合面积是指以叶片为主的植物绿色面积。通过合理密植、改变株型等措施,可增大光合面积。

(3)延长光合时间　延长光合时间可通过提高复种指数、延长生育期及补充人工光照等措施来实现。

(4)提高经济系数　提高经济系数(收获指数)应从选育优良品种,调控器官建成和有机物运输分配,协调"源、流、库"关系入手,使尽可能多的同化产物运往产品器官。

3. 何谓光合诱导期(光合滞后期)?产生光合滞后期的原因是什么?

答:光合诱导期(光合滞后期)是指暗适应的叶片移至光下,最初阶段光合速率很低,需要经过一个"滞后期"(一般超过 20 min,取决于暗适应时间的长短)才能达到光合速率的"稳态"阶段。其原因是暗中叶绿体基质中的光合中间产物(尤其是 RuBP)的含量低。在 C_3 途径中存在一种自动调节 RuBP 水平的机制,即在 RuBP 含量低时,最初同化 CO_2 形成的磷酸丙糖不输出,而用于 RuBP 再生,以加快 CO_2 固定速率;当循环达到"稳态"后,磷酸丙糖才输出。

4. 试说明 C_4 植物的 CO_2 补偿点和饱和点都比 C_3 植物低的原因。

答:C_4 植物的 CO_2 补偿点比 C_3 植物低的原因与 C_4 植物的结构特点,以及 PEPC 的 K_m 低,对 CO_2 亲和力高,有浓缩 CO_2 机制有关。C_4 植物利用低浓度 CO_2 能力明显高于 C_3 植物。

C_4植物的CO_2饱和点低的原因,可能与C_4植物每固定1分子CO_2要比C_3植物多消耗2分子ATP有关,以及C_4植物的气孔对CO_2浓度敏感有关。由于C_4植物CO_2泵功能,尽管C_4植物的CO_2饱和点比C_3植物的低,但其饱和点时的光合速率却往往比C_3植物的高。

5. 何谓光合作用的光抑制?在作物生产中可采取哪些措施减轻或避免光抑制的发生?

答:当植物吸收的光能超过其所需时,过剩的激发能会降低光合效率,这种现象称为光合作用的光抑制。在作物生产中可利用遮阳网有效降低叶片接受光的强度,以减轻或避免作物光抑制的发生。

6. 从植物生理与作物高产角度阐述你对光呼吸的评价。

答:光呼吸对光合碳同化是有利还是有害,一直是当前争论的焦点。从碳素同化的角度看,光呼吸往往将光合作用固定的20%～40%碳素变为CO_2放出。同时乙醇酸合成及其代谢又消耗了大量能量,因此,光呼吸是植物体内的"无效生化循环",对光合作用原初生产量是不利的。然而近年研究发现,光呼吸对植物生理代谢并不是完全无效的,而是光合碳代谢所必需的,至少是不可避免的,表现在:①光呼吸是光合作用的保护性反应,例如在强光和CO_2不足环境下激活光抑制;②光呼吸与光合糖代谢有密切关系,有利于蔗糖和淀粉的合成;③光呼吸与氮代谢关系也很密切,既为硝酸盐还原提供还原剂,也是氨基酸(甘氨酸和丝氨酸)生物合成的补充途径。因而对光呼吸的抑制不能一概而论。研究发现,光呼吸被抑制20%～30%的情况下,净光合效率可提高10%～20%,如果抑制超过30%,光合效率反而有所降低。

7. 举出三种测定光合速率的方法,并简述其原理及优缺点。

答:(1)改良半叶法 选择生长健壮、对称性较好的叶片,在其一半打取小圆片若干,烘干称重,并用三氯醋酸对叶柄进行化学环割,以阻止光合产物外运,到下午用同样方法对另一半叶片的对称部位取相同数目的小圆片,烘干称重,两者之差,即为这段时间内这些小圆片累积的有机物质量。此法简便易行,不需贵重设备,但精确性较差。

(2)红外线CO_2分析法 原理是:气体CO_2对红外线有吸收作用(尤其是对波长4 260 nm的红外线有强烈的吸收)。不同浓度的CO_2对红外线的吸收强度不同,所以当红外线透过一定厚度的含CO_2的气层之后,其能量会因CO_2吸收而损耗,能量损耗的多少与CO_2的浓度紧密相关。红外线透过气体CO_2后能量变化,通过电容器吸收的能量转变为可以反映CO_2浓度的电信号,由仪器直接显示出来。植物进行光合作用始末,环境中CO_2浓度可以通过观察红外线气体分析器的仪表迅速而准确地获得。实验前后仪表上所反映的CO_2浓度之差,即为植物在该测定时间内叶片吸收CO_2的量。因此可以计算出单位时间内单位叶面积吸收CO_2的量,即植物的光合速率。迅速而准确,安全而灵敏,整体而连续测定是此法的优点,但仪器比较昂贵,目前基层还较难应用。

(3)氧电极法 原理是:氧电极由嵌在绝缘棒上的铂和银构成,以0.5 mol·L^{-1}氯化钾为电解质,覆盖一层15～20 μm的聚乙烯或聚四氟乙烯薄膜,两极间加0.6～0.8 V的极化电压。溶氧可透过薄膜进入电极在铂阴极上还原,同时在极间产生扩散电流,此电流与溶解氧浓度成正比,记录此电流的变化,则能换算出相应的氧分压值。当膜的导电度不变,温度恒定时,植物叶片在反应液中照光时释放的氧量,即为该叶片的光合速率。此法灵敏度高,操作简便,可以连续测定水溶液中溶解氧量及其变化过程,但只能测离体叶片。

8. 试述光对光合作用的影响。

答:光是光合作用的能量来源,是形成叶绿体和叶绿素的必要条件。此外,光还调节着碳同化许多酶的活性和气孔开度。光主要通过光强和光质等影响光合作用。

(1)光强　光合速率随着光照强度的增加而加快,但超过一定范围之后,光合速率的增加变慢,直到不再增加。光补偿点和光饱和点是植物需光特性的两个主要指标。光是植物光合作用所必需的,然而,当植物吸收的光能超过其所需时,过剩的激发能会降低光合效率,出现光抑制现象。严重的光抑制还会导致光破坏或光氧化。

(2)光质　光质影响光合速率。太阳辐射中对光合作用有效的是可见光。可见光区域不同波长的光对光合速率的影响也不同。光合作用的吸收光谱与叶绿体色素的吸收光谱是大致吻合的。叶绿体色素主要吸收红光和蓝紫光,对绿光吸收最少。

9. 在一项试验中要比较两个处理的叶绿素含量。简述叶绿素的提取和测定方法。要尽量减少试验误差,在提取及测定时,主要应注意哪些问题?

答:分别取两个处理的新鲜叶片,剪碎。各称取 0.5 g 置研钵中,加少量碳酸钙和石英砂以及 80% 丙酮研磨提取,过滤至容量瓶,定容。用分光光度计分别在波长 663 和 645 nm 下测定吸光度,以 80% 丙酮为空白对照。然后按公式:$C_a=12.7A_{663}-2.69A_{645}$、$C_b=22.9A_{645}-4.68A_{663}$ 计算叶绿素 a、叶绿素 b 含量(C_a、C_b)和总叶绿素含量。

测定时,注意取样一致,称量准确;色素提取时需加入少量 $CaCO_3$ 中和酸性物质保护叶绿素;叶片研磨要充分,要多次清洗研钵,以保证色素提取充分;为了避免叶绿素的光分解,操作应在弱光下进行,并尽可能缩短研磨时间,以不超过 2 min 为宜;由于叶绿素 a、叶绿素 b 的吸收峰很陡,仪器波长稍有偏差,就会使结果产生很大的误差,因此最好用波长精确度较高的高档分光光度计测定,以减少试验误差。

10. 水分亏缺降低光合作用的主要原因有哪些?

答:(1)水分亏缺常导致叶片萎蔫,不能保持叶片正常状态。保卫细胞膨压降低,气孔关闭,CO_2 从叶表面透过气孔扩散到叶内气室及细胞间隙受阻,CO_2 吸收量减少,影响光合速率。

(2)水分亏缺时,气孔关闭,蒸腾减弱,叶温升高,从而降低酶活性和破坏叶绿素,使光合速率降低。

(3)水分亏缺时,植物呼吸反常增强。

(4)水分亏缺,影响蛋白质的水合度,从而影响蛋白质分子结构及排列以及酶系统的空间构型,从而影响光合速率。

(5)水分亏缺,影响叶片内光合原料供应和光合产物运输。

(6)水分亏缺,植株生长矮小,影响光合面积,从而影响光合速率。

由此可见,保证水分的正常供应,才有利于提高光合速率和作物产量。

11. 哪些矿质元素影响光合速率?

答:植物生命活动所必需的矿质元素,都对光合速率有着直接或间接的影响,例如:N 和 Mg 是叶绿素的组成元素,Fe、Mn、Mg 是叶绿素合成所必需的,N、P、S、Mg 等是构成叶绿体片层结构不可缺少的成分;Fe、Cu 等在光合电子传递中具有重要作用,水的光解反应需 Cl 和 Mn 的参加;光合磷酸化需要 P;K 调节气孔开闭;Zn 是催化 CO_2 水合反应的碳酸酐酶的组成成分;光合碳循环中的所有糖类都是含磷酸基团的糖类;B 促进光合产物蔗糖的运输。

12. 试比较光呼吸和暗呼吸的差异。

答:光呼吸和暗呼吸的差异如下:

特征	暗呼吸	光呼吸
对光的要求	光暗均可进行	只在光下进行
底物	糖、脂肪、蛋白质、有机酸	乙醇酸
进行部位	活细胞细胞质→线粒体	叶绿体→过氧化物酶体→线粒体
历程	EMP→TCA→呼吸链	乙醇酸循环(C_2循环)
能量状况	释放能量加以利用	消耗能量
O_2与CO_2	吸收O_2,释放CO_2	吸收O_2,释放CO_2

13. C_3植物和C_4植物有何不同之处?

答:C_3植物和C_4植物的差异如下:

特征	C_3植物	C_4植物
叶结构	维管束鞘不发达,其周围叶肉细胞排列疏松	维管束鞘发达,其周围叶肉细胞排列紧密
叶绿体	只有叶肉细胞有正常叶绿体	叶肉细胞有正常叶绿体,维管束鞘细胞有叶绿体,但无基粒或基粒不发达
叶绿素 a/叶绿素 b	约3:1	约4:1
CO_2补偿点/$(\mu L \cdot L^{-1})$	30~70	<10
光饱和点	低	高
碳同化途径	只有光合碳循环(C_3途径)	C_4途径和C_3途径
原初CO_2受体	RuBP	PEP
光合最初产物	C_3酸(PGA)	C_4酸(OAA)
RuBP 羧化酶活性	较高	较低
PEP 羧化酶活性	较低	较高
净光合速率(强光下)/$(\mu mol\ CO_2 \cdot m^{-2} \cdot s^{-1})$	较低(15~35)	较高(40~80)
光呼吸	高,易测出	低,难测出
碳酸酐酶活性	高	低
生长最适温度	较低	较高
蒸腾系数	高(450~950)	低(250~350)

14. 光合作用的光反应是在叶绿体哪部分进行的? 可分为哪几大步骤? 产物有哪些物质? 暗反应在叶绿体哪部分进行? 可分为哪几大阶段? 产物有哪些物质?

答:光合作用的光反应是在叶绿体的类囊体膜上进行的,可分为原初反应、水的光解和光合电子传递、光合磷酸化三大步骤。光反应除释放氧外,还形成高能化合物 ATP 以及 NADPH,两者合称同化力,光能就累积在同化力中。

光合作用的暗反应是指 CO_2 的固定和还原。这一过程是在叶绿体的基质中进行的,可分为 CO_2 的固定、初产物的还原、光合产物的形成和 CO_2 受体 RuBP 的再生四大阶段。光合碳同化的最初产物是三碳糖,即 3-磷酸甘油醛,最后形成蔗糖或淀粉。

15. 果树生产上常利用环割提高产量,为什么? 若在果树主茎下端割较宽的环能提高果树的产量吗? 为什么?

答:果树开花期对树干适当进行环割,可阻止枝叶部分光合产物的下运,使更多的光合产物运往花果,从而利于增加有效花数,提高坐果率,提高产量和品质。

若在果树主干上切环太宽,向下运输有机物的韧皮部通道被切断,时间久了根系得不到地上部分提供的同化物和微量活性物质,而本身贮藏的又消耗殆尽,根部就会"饿死",从而使根无法吸收水肥等,致使果树死亡。

16. 何谓压力流动假说? 它的主要内容是什么? 该假说还有哪些不足之处?

答:有机物质运输的压力流动假说是德国学者明希(Münch)1930 年提出来的。这个假说认为,在源端(叶片),光合产物被不断地装载到 SE-CC 复合体中,浓度增加,水势降低,从邻近的木质部吸水膨胀,压力势升高,推动物质向库端流动;在库端,光合产物不断地从 SE-CC 复合体卸出到库中去,浓度降低,水势升高,水分则流向邻近的木质部,从而引起库端压力势下降。于是在源库两端便产生了压力势差,推动物质由源到库源源不断地流动。但压力流动假说也遇到了两大难题:第一,筛管细胞内充满了韧皮蛋白和胼胝质,阻力很大,要保持糖溶液如此快的流速,所需的压力势差要比筛管实际的压力差大得多;第二,这一学说对于筛管内物质双向运输的事实很难解释。

17. 试说明有机物运输分配的规律。

答:植物体内光合产物分配的总规律是由源到库,即由某一源制造的光合产物主要流向与其组成源库单位中的库。具体来讲光合产物运输分配的规律为:①优先运往生长中心;②就近供应;③纵向同侧运输(与输导组织的结构有关);④功能叶之间无光合产物供应关系。

18. 举例说明如何人工调节控制有机物的运输分配(至少举 3 例)。

答:人们在长期的生产实践中,依据同化物运输分配规律和原理,总结提炼了多种调控有机物的运输分配、促进作物产量增加的有效措施。如通过改善株型结构等措施选育经济系数高的品种,即使生物产量不提高,也能增加作物的经济产量。有经验的果农在苹果等果实开花期对枝条进行环剥或破坏主干上的一些树皮,目的是截断有机物向下运输的通道,使光合产物向生殖器官积累,有利于坐果,增加果树的产量。北方农民晚秋为了早日腾茬种麦,常在早霜来临之前将玉米连秆带穗收割,竖立成垛,称为"蹲棵"。"蹲棵"过程中茎叶中的有机物质可继续向籽粒中转移,可增产 5% 左右。

第4章 植物的呼吸作用

【学习目的与要求】

通过本章学习,掌握呼吸作用的概念和生理作用;掌握高等植物呼吸代谢的多样性及其意义;了解呼吸作用的调控及呼吸作用与光合作用的关系;了解呼吸作用知识在作物栽培、种子贮藏和果蔬保鲜等方面的应用;了解植物次生代谢和植物防御反应的关系。

【重点和难点】

重点

(1)呼吸代谢类型与途径;(2)呼吸电子传递链;(3)末端氧化系统的多样性;(4)呼吸作用的影响因素。

难点

(1)呼吸代谢途径;(2)呼吸电子传递链;(3)次生代谢产物合成途径。

【学习要点】

4.1 呼吸作用的概念、指标及生理意义

呼吸作用是指生活细胞内的有机物在一系列酶的作用下,逐步氧化分解成简单物质,并释放能量的过程。根据呼吸过程中是否有氧参与,可分为有氧呼吸和无氧呼吸。衡量呼吸作用强度的指标有两个,即呼吸速率和呼吸商。呼吸作用对植物生长发育具有极其重要的生理意义:①为生命活动提供能量;②为重要有机物质合成提供原料;③为代谢活动提供还原力;④增强植物抗病免疫能力。

4.2 高等植物呼吸代谢的多样性

高等植物呼吸代谢具有多样性,主要表现在呼吸途径的多样性,呼吸链的多样性,以及呼吸途径末端氧化酶系统的多样性。呼吸代谢的多样性是植物长期进化中形成的一种对多变环境的适应性表现。EMP-TCA 循环是植物体内有机物质氧化分解的主要途径,而磷酸戊糖途径、乙醛酸循环途径和抗氰呼吸在植物呼吸代谢中也占有重要地位。植物体内呼吸代谢主要有两条电子传递途径:细胞色素呼吸链途径与交替途径。细胞色素呼吸链途径是电子传递主路,在生物界分布最广泛,为动物、植物及微生物所共有。其他呼吸链支路都是其补充途

径。末端氧化酶主要有两类：一类存在于线粒体膜上，如细胞色素氧化酶和交替氧化酶；一类存在于细胞质中，如酚氧化酶、抗坏血酸氧化酶和乙醇酸氧化酶等。

4.3 呼吸代谢能量的贮存和利用

植物呼吸代谢中释放的能量，一部分以热能散失于环境中，其余部分则以高能键的形式贮存起来。真核细胞中 1 分子葡萄糖经 EMP-TCA 循环、呼吸链彻底氧化后共生成 30 分子 ATP。

4.4 呼吸作用的调节与控制

植物呼吸代谢各条途径都可通过中间产物、辅酶、无机离子及能荷加以反馈调节。①NADH 是 TCA 循环的主要负效应物，NADH 水平过高，抑制丙酮酸脱氢酶系、异柠檬酸脱氢酶、苹果酸脱氢酶和苹果酸酶等的活性。②丙酮酸脱氢酶是丙酮酸有氧分解中的关键酶，其活性受 CoA 和 NAD^+ 的促进，受乙酰 CoA 和 NADH 的抑制。③质量作用原理。产物浓度过高将产生反馈调节。磷酸戊糖途径（PPP）主要受 NADPH 与 $NADP^+$ 含量的比值（$NADPH/NADP^+$）的调节。

4.5 呼吸作用与光合作用的关系

呼吸作用与光合作用的比较见表 4-1。

表 4-1 光合作用和呼吸作用的比较

光合作用	呼吸作用
1. 以 CO_2 和 H_2O 为原料	1. 以 O_2 和有机物为原料
2. 产生有机物糖类和 O_2	2. 产生 CO_2 和 H_2O
3. 叶绿素等捕获光能	3. 有机物的化学能暂时贮存于 ATP 中或以热能散失
4. 通过光合磷酸化把光能转变为 ATP	4. 通过氧化磷酸化把有机物的化学能转变为 ATP
5. H_2O 的氢主要转移至 $NADP^+$，形成 $NADPH + H^+$	5. 有机物的氢主要转移至 NAD^+，形成 $NADH + H^+$
6. 糖合成过程主要利用 ATP 和 $NADPH + H^+$	6. 细胞活动利用 ATP 和 $NADH + H^+$ 或 $NADPH + H^+$ 做功
7. 仅有含叶绿素的细胞才能进行光合作用	7. 活的细胞都能进行呼吸作用
8. 只有光照下才能发生	8. 在光照下或黑暗中都能发生
9. 发生在植物的叶绿体中	9. EMP 和 PPP 发生在细胞质中，TCA 和氧化磷酸化发生在线粒体中

4.6 呼吸作用的影响因素及应用

植物呼吸代谢受植物内部生理状态、外界环境（主要是温度、O_2、H_2O、CO_2）的影响。呼吸作用与农作物栽培、育种和种子、果蔬、块根块茎的贮藏都有密切的关系。根据人类的需要和呼吸作用自身的规律，可采取有效措施，调节、利用呼吸作用。

4.7 植物次生代谢和植物防御反应

植物以初生代谢产物为原料或前体进一步合成生命活动非必需化合物的代谢过程称为次生代谢。植物次生代谢物主要包括萜类、多酚类及含氮化合物。其中生长素(含氮化合物类)和赤霉素(萜类)等次生物质作为植物激素,直接参与生命活动的调节;多酚类化合物对植物本身无毒却对动物或微生物有毒,从而使植物具有防御动物取食和抵御微生物入侵等抗性。多酚类的花色素赋予植物丰富的色彩,萜类化合物使植物具有香气,可吸引昆虫授粉和传播种子。

【自测题】

一、名词解释

1. 有氧呼吸;2. 无氧呼吸;3. 呼吸商;4. 糖酵解;5. 巴斯德效应;6. 三羧酸循环;7. 磷酸戊糖途径;8. 乙醛酸循环;9. 生物氧化;10. 呼吸链;11. 氧化磷酸化;12. 抗氰呼吸;13. 末端氧化酶;14. 伤呼吸;15. 能荷调节;16. 呼吸跃变;17. 无氧呼吸消失点/熄灭点;18. 氧饱和点;19. 安全含水量;20. 磷氧比;21. 温度系数;22. 初生代谢;23. 次生代谢;24. 酚类。

二、填空题

1. 有氧呼吸是指生活细胞利用_____,将_____彻底氧化分解,形成_____、_____,同时释放_____的过程。

2. 呼吸的全过程(有氧呼吸)由三组相互联系的反应过程组成,即_____、_____和_____。

3. 淀粉种子含水量在_____以下、油类种子含水量在_____以下时,呼吸作用极弱,可以安全贮藏,此时的含水量称_____。

4. 果实成熟前,首先呼吸_____,而后又_____,最后_____,以后果实进入成熟,这种现象称为果实的_____。该现象是与果实内_____相伴随的。

5. 能荷调节是通过细胞内腺苷酸之间的转化对_____的调节作用。当细胞内需能反应愈高,ATP/ADP 比率愈低,愈有利于提高_____,增加_____的合成反应;反之,能荷愈高,_____积累愈多,即可自动降低_____,降低_____合成。活细胞的能荷一般维持在_____。

6. 甘薯、苹果、香蕉贮藏久了,稻种催芽时堆积过厚,都会产生酒味,这便是_____的结果。

7. 细胞色素氧化酶与氧的_____,易受_____、_____和_____的抑制。

8. 产生丙酮酸的糖酵解过程是_____与_____的共同途径。

9. 影响植物呼吸作用的外界因素主要是:_____、_____、_____、_____。

10. 植物呼吸代谢的多样性表现在_____、_____和_____。

11. 在有氧呼吸时,以葡萄糖为呼吸底物的RQ_____,以有机酸为呼吸底物的RQ

_____,以脂肪酸、蛋白质为呼吸底物的 RQ _____。

12. 电子传递和氧化磷酸化的酶系统集中位于线粒体的 _____上。

13. 三羧酸循环的酶系统集中在线粒体的 _____中。

14. 呼吸作用的最适温度总比光合作用的最适温度 _____。

15. 早稻浸种催芽时,用温水淋种和时常翻种,目的是使 _____。

16. 呼吸作用生成水中的氧来自 _____,生成的二氧化碳的氧来自 _____。

17. 植物次生代谢物包括 _____、_____和 _____。

18. 萜类有两条合成途径,即 _____和 _____。

三、单项选择题

1. 糖酵解和磷酸戊糖途径都发生在(　　)。
(A)细胞质　　　　(B)叶绿体　　　　(C)线粒体　　　　(D)细胞核

2. 巴斯德效应是指(　　)抑制发酵作用的现象。
(A)N_2　　　　(B)O_2　　　　(C)CO_2　　　　(D)KCN

3. 柳树耐涝的机制在于能利用(　　)。
(A)大气中 O_2　　(B)水中 O_2　　(C)CO_2 中 O_2　　(D)NO_3^- 中 O_2

4. 绿色植物无氧呼吸的生成物是(　　)。
(A)CO_2、ATP　　　　　　　　　(B)ATP、CO_2、C_2H_5OH 或 $CH_3CHOHCOOH$
(C)ATP、$CH_3CHOHCOOH$　　　(D)H_2O、C_2H_5OH、ATP

5. 在细胞质内发生的糖降解过程是(　　)。
(A)淀粉→葡萄糖　　　　　　(B)葡萄糖→丙酮酸
(C)蛋白质→氨基酸　　　　　(D)蔗糖→果糖＋葡萄糖

6. 在缺氧条件下提高 O_2 浓度时,无氧呼吸会随之减弱,直至消失。一般把无氧呼吸停止进行的最低氧含量称为(　　)。
(A)无氧呼吸消灭点　　　　　(B)氧饱和点
(C)有氧呼吸消灭点　　　　　(D)氧补偿点

7. 种子干藏实现安全贮藏必须(　　)。
(A)控制种子安全含水量和降低温度　(B)增加 O_2
(C)提高温度　　　　　　　　　　　(D)喷洒呼吸抑制化学药剂

8. 氧化磷酸化指标为 P/O 比,其 P 和 O 分别指(　　)。
(A)有机磷和 O_2　　　　　　(B)无机磷和 O_2
(C)有机磷和氧原子　　　　　(D)无机磷和氧原子

9. 水稻耐涝是由于(　　)。
(A)存在发达的通气系统　　　(B)可利用大气中 O_2
(C)可利用 NO_3^- 中的 O_2　　(D)可利用水中 O_2

10. TCA 循环的中间产物 α-酮戊二酸是合成(　　)的原料。
(A)天冬氨酸　　(B)丙氨酸　　(C)谷氨酸　　(D)色氨酸

11. 植物组织衰老时,磷酸戊糖途径在呼吸代谢中所占比例(　　)。
(A)下降　　　　(B)上升　　　　(C)不变　　　　(D)以上都不是

12. 磷酸戊糖途径与卡尔文循环的中间产物都有( )。
(A)丙酮酸 (B)草酰乙酸 (C)柠檬酸 (D)7-磷酸景天庚酮糖

13. 交替氧化途径的末端氧化酶叫( )。
(A)细胞色素氧化酶 (B)酚氧化酶
(C)抗氰氧化酶 (D)抗坏血酸氧化酶

14. 无氧呼吸消失点的氧含量通常在( )。
(A)1% (B)3% (C)1%～3% (D)5%～10%

15. 呼吸链中的电子传递体是( )。
(A)细胞色素系统 (B)NAD$^+$ (C)FAD (D)NADP$^+$

四、判断题

1. 泛醌为呼吸链的组成成分之一,其作用就是传递电子。( )

2. 影响植物呼吸速率的外部因素主要是光照强度和土壤水势。( )

3. 将植物幼苗从蒸馏水转移到稀盐酸溶液中时,其根系的呼吸速率增加,这种呼吸被称为抗氰呼吸。( )

4. 无氧呼吸的熄灭点是指使发酵作用停止的 CO_2 浓度。( )

5. 植物呼吸作用中所形成的 ATP 都是通过氧化磷酸化产生的。( )

6. 抗氰呼吸中能放出较多的热量,是因为这种呼吸能合成较多的 ATP。( )

7. 植物的有氧呼吸中,底物氧化脱出的电子最终传递给了 O_2,并将 O_2 还原成 H_2O。( )

8. 当植物的块茎、果实、叶片等切伤后,伤口处常常很快变成褐色,这是由于酚氧化酶作用的结果。( )

9. 一种植物组织在 20℃时呼吸速率为 2 mg $CO_2 \cdot g^{-1}$,24℃时为 2.8 mg $CO_2 \cdot g^{-1}$,则该植物呼吸速率的温度系数为 2.0。( )

10. 呼吸作用中,底物氧化所释放的能量转变为 ATP 分子中能量的百分数称为呼吸速率。( )

11. 植物进行无氧呼吸时,由于没有氧气的吸收,故其呼吸速率为零。( )

12. 在无氧条件下将丙酮酸加入绿豆芽提取液中,大部分丙酮酸会转变成乙醇。( )

13. 植物感病后呼吸作用明显增强,因此 ATP 的合成也随之加快。( )

14. PPP 受 NADP$^+$ 的调节,NADP$^+$/(NADPH＋H$^+$)小时,该途径受抑制。( )

五、解释现象

1. 制作红茶要揉捻发酵。

2. 呼吸作用的氧饱和现象。

3. 水稻排水烤田可促使其根系发达。

4. 莲花开放时,产热吸引昆虫。

5. 甘薯块根感病后,呼吸速率成倍增加。

六、问答题

1. 简述磷酸戊糖途径的生理意义。

2. 长期进行无氧呼吸为什么会对植物造成伤害?

3. 阐明高等植物呼吸代谢多样性的生物学意义。

4. 简述植物抗氰呼吸的分布及其生物学意义。

5. 呼吸作用和光合作用之间的相互依存关系表现在哪些方面？

6. TCA 循环、PPP、GAC 等途径各发生在细胞的什么部位？各有何生理意义？

7. 如何安全贮藏种子？简述其中的生理学原理。

8. 简述植物组织受伤时呼吸速率加快的原因。

9. 比较呼吸作用与光合作用的区别。

10. 果实成熟时产生呼吸跃变的原因是什么？

11. 根据芳香烃环上碳原子数目的不同,植物酚类化合物可分为哪几种（写出碳骨架）？代表化合物有哪些？

【自测题参考答案】

一、名词解释

1. 有氧呼吸（aerobic respiration）:是指活细胞利用分子氧（O_2）,将淀粉、葡萄糖等有机物彻底氧化分解为 CO_2 和 H_2O,同时释放大量能量的过程。

2. 无氧呼吸（anaerobic respiration）:指活细胞在无氧条件下,把淀粉、葡萄糖等有机物分解成为不彻底的氧化产物,同时释放出部分能量的过程。

3. 呼吸商（respiratory rate）:又称呼吸系数,是指植物组织在一定时间内释放的 CO_2 与吸收 O_2 的数量（体积或物质的量）的比值。

4. 糖酵解（glycolysis）:又称 EMP 途径,指在无氧状态下,己糖在一系列酶的作用下分解成丙酮酸（pyruvate）,并释放能量的过程。

5. 巴斯德效应（Pasteur effect）:随着氧气浓度的增加,抑制植物无氧呼吸的现象,称为巴斯德效应。

6. 三羧酸循环（tricarboxylic acid cycle）:葡萄糖经过糖酵解转化成丙酮酸,在有氧条件下,逐步氧化分解,形成 H_2O 和 CO_2 的过程。

7. 磷酸戊糖途径（pentose phosphate pathway, PPP）:是葡萄糖在细胞质内直接氧化脱羧,经一系列酶促反应被氧化降解为 CO_2 的途径。

8. 乙醛酸循环（glyoxylic acid cycle, GAC）:脂肪酸经 β-氧化分解为乙酰 CoA,乙酰 CoA 在乙醛酸循环体中（glyoxysome）生成琥珀酸、乙醛酸、苹果酸和草酰乙酸等的酶促反应过程。

9. 生物氧化（biological oxidation）:在生物体内,从代谢物脱下的氢及电子,通过一系列酶促反应与氧化合成水,并释放能量的过程。

10. 呼吸链（respiratory chain）:又称呼吸电子传递链,是指呼吸代谢中间产物的电子,沿着一系列有顺序的电子传递体组成的电子传递途径,传递到分子氧的总轨道。

11. 氧化磷酸化（oxidative phosphorylation）:指在生物氧化中,电子从 NADH 或 $FADH_2$ 脱下,经电子传递链传递到分子氧生成水,并偶联 ADP 和 Pi 生成 ATP 的过程。

12. 抗氰呼吸（cyanide resistant respiration）:植物具有对氰化物、叠氮化物和一氧化碳等抑制剂不敏感的电子传递交替途径（AP）,这种在氰化物存在条件下仍运行的呼吸作用称为抗氰呼吸。

13. 末端氧化酶（cytochrome oxidase）:是指处于呼吸链的末端,能将底物上脱下的电子传给 O_2,形成 H_2O 或 H_2O_2 的酶类。

14. 伤呼吸（wound respiration）：植物组织受伤后呼吸增强,这部分呼吸称为伤呼吸。

15. 能荷调节（energy charge regulation）：通过细胞内腺苷酸之间的转化对呼吸代谢的调节作用称为能荷调节。

16. 呼吸跃变（respiratory climacteric）：当叶片或果实成熟到一定程度,其呼吸速率突然增高,然后又突然下降,这种现象称为呼吸跃变。

17. 无氧呼吸消失点/熄灭点（anaerobic respiration extinction point）：在一定范围内,氧浓度的增加会促进呼吸速率的增加,在缺氧条件下逐渐增加氧浓度,无氧呼吸会逐步减弱直到消失,一般把无氧呼吸停止时的最低氧含量称为无氧呼吸的消失点/熄灭点。

18. 氧饱和点（oxygen saturation point）：在氧浓度较低的情况下,呼吸速率与氧浓度成正比,呼吸作用随氧浓度的增大而增强,但氧浓度增至一定程度,对呼吸作用就没有促进作用了,这一氧浓度称为氧饱和点。

19. 安全含水量（safety water content）：种子的含水量低于一定限度时,其呼吸速率微弱,可以安全储藏,此时的含水量称为安全含水量。

20. 磷氧比（P/O）：是指氧化磷酸化中每消耗 1 mol 氧原子时所消耗的无机磷酸的物质的量（mol）[形成 ATP 的物质的量（mol）]。

21. 温度系数（temperature coefficient）：在 $0\sim35℃$ 生理温度范围内,呼吸速率与温度呈正相关。温度系数是指该范围内温度每升高 $10℃$,呼吸速率可增高 $2.0\sim2.5$ 倍。

22. 初生代谢（primary metabolism）：是指合成生物体生存所必需的化合物的代谢过程；其代谢物质主要包括糖类、脂类、蛋白质和核酸等,将这些物质称为初生代谢产物（primary metabolite）。

23. 次生代谢（secondary metabolism）：是指在特定的条件下,植物以初生代谢产物为原料或前体进一步合成生命活动非必需化合物的代谢过程；其代谢物质称为次生代谢物（secondary metabolite）。

24. 酚类（phenol）：是芳香烃环上的氢被羟基取代后生成的一类芳香族化合物。

二、填空题

1. O_2,有机物（糖）,CO_2,H_2O,能量。

2. EMP,丙酮酸的氧化脱羧,TCA。

3. $12\%\sim14\%$,$8\%\sim9\%$,安全含水量。

4. 略下降,突然上升,下降,呼吸跃变,乙烯释放增加。

5. 呼吸代谢,呼吸速率,ATP,ATP,呼吸速率,ATP,$0.75\sim0.95$。

6. 乙醇发酵。

7. 亲和力最高,CN^-,N_3^-,CO。

8. 有氧呼吸,无氧呼吸。

9. 水分,温度,O_2,CO_2。

10. 呼吸途径的多样性,呼吸链的多样性,呼吸途径末端氧化酶系统的多样性。

11. $=1$,>1,<1。

12. 内膜。

13. 基质。

14. 高。

15. 呼吸作用正常进行。

16. 空气,呼吸底物。

17. 萜类、多酚类、含氮化合物。

18. 甲羟戊酸途径(MVA)、甲基苏糖醇磷酸途径(MEP)。

三、单项选择题

1. A　2. B　3. D　4. B　5. B　6. A　7. A　8. D　9. A　10. C　11. B　12. D　13. C　14. D　15. A

四、判断题

1. ×　2. ×　3. ×　4. ×　5. ×　6. ×　7. √　8. √　9. √　10. ×　11. ×　12. ×　13. ×　14. √

五、解释现象

1. 制作红茶要揉捻发酵。

答:制作红茶时,要揉破细胞,通过多酚氧化酶的作用将茶叶中的酚类氧化,聚合形成红褐色的色素,从而制得红茶。

2. 呼吸作用的氧饱和现象。

答:在氧浓度较低的情况下,呼吸速率与氧浓度成正比,呼吸作用随氧浓度的增大而增强,但氧浓度增至一定程度,对呼吸作用就没有促进作用了,这种现象称为氧饱和现象,这一氧浓度称为氧饱和点。氧饱和点与温度密切相关,一般温度升高,氧饱和点也提高。

3. 水稻排水烤田可促使其根系发达。

答:排水烤田可增加土壤中氧含量,水稻的根系有氧呼吸旺盛,促进矿质元素和水分的吸收,促进新根的发生。

4. 莲花开放时,产热吸引昆虫。

答:莲花开放时,进行抗氰呼吸,产生大量的热量,可增加胺类、吲哚和萜类等物质挥发,引诱昆虫传粉。

5. 甘薯块根感病后,呼吸速率成倍增加。

答:甘薯块根感病后,块根细胞的线粒体增多并被激活,氧化酶活性增强,分解毒素,抑制病原菌水解酶活性,促进伤口愈合,另外抗氰呼吸、PPP 途径也增强。

六、问答题

1. 简述磷酸戊糖途径的生理意义。

答:(1)PPP 在生物合成中占有十分重要的地位。该途径中生成的中间产物是多种重要化合物合成的原料,能沟通多种代谢。例如:Ru5P(5-磷酸核酮糖)和 R5P(5-磷酸核糖)是合成核苷酸的原料;E4P(4-磷酸赤藓糖)是合成莽草酸的原料,经莽草酸途径可进一步合成芳香族氨基酸,还可合成与植物生长、抗病有关的生长素、木质素、绿原酸、咖啡酸等。PPP 可生成大量的 NADPH,这是脂肪合成所必需的"还原力"。所以在植物感病、受伤、干旱,或脂肪合成代谢旺盛时,该途径在呼吸中的比重上升。

(2)由于该途径和 EMP-TCA 途径的酶系统不同,因此当 EMP-TCA 途径受阻时,PPP 可代行正常的有氧呼吸,并有较高的能量转化效率。

2. 长期进行无氧呼吸为什么会对植物造成伤害?

答:(1)无氧呼吸释放的能量少,要依靠无氧呼吸释放的能量来维持生命活动的需要就要消耗大量的有机物,以致呼吸基质很快耗尽。

(2)无氧呼吸生成氧化不彻底的产物,如酒精、乳酸等。这些物质的积累,对植物会产生毒害作用。

(3)无氧呼吸产生的中间产物少,不能为合成多种细胞组成成分提供足够的原料。

3. 阐明高等植物呼吸代谢多样性的生物学意义。

答:植物呼吸代谢具有多样性,主要表现在呼吸途径的多样性,呼吸链的多样性,以及呼吸途径末端氧化酶系统的多样性。不同的植物、器官、组织,不同的环境条件或生育期,植物体内物质的氧化分解可通过不同的途径进行。呼吸代谢的多样性是在长期进化过程中,植物形成的对多变环境的一种适应性,具有重要的生物学意义。呼吸代谢的多样性使植物在不良的环境中,仍能进行呼吸作用,维持生命活动。例如,氰化物能抑制生物正常的呼吸代谢,使大多数生物死亡,而某些植物具有抗氰呼吸途径,能在含有氰化物的环境下生存。

4. 简述植物抗氰呼吸的分布及其生物学意义。

答:(1)抗氰呼吸的分布　抗氰呼吸广泛分布于高等植物中,如天南星科海芋属,禾本科的玉米、小麦、大麦,豆科的豌豆、绿豆,还有甘薯、木薯、马铃薯、烟草、胡萝卜等,在低等植物中也存在。

(2)抗氰呼吸的主要生理功能　①放热效应。与天南星科植物佛焰花序的春天开花传粉、棉花种子发芽有关。②促进果实成熟。果实成熟过程中呼吸跃变的产生,主要表现为抗氰呼吸的增强,而且,果实成熟中乙烯的产生与抗氰呼吸呈平行关系,三者紧密相连。③代谢的协同调控。在细胞色素电子传递途径的电子呈饱和状态时,抗氰呼吸就比较活跃,可以分流电子;当细胞色素途径受阻时,抗氰呼吸会产生或加强,以保证生命活动继续维持下去。④与抗病力有关。抗黑斑病的甘薯品种在感病时抗氰呼吸活性明显高于感病品种。

5. 呼吸作用和光合作用之间的相互依存关系表现在哪些方面?

答:(1)两个代谢过程互为原料与产物,如光合作用释放的 O_2 可供呼吸作用利用,而呼吸作用释放的 CO_2 也可被光合作用所同化;光合作用的卡尔文循环与呼吸作用的磷酸戊糖途径基本上是正反对应的关系,它们有多种相同的中间产物(如 GAP、Ru5P、E4P、F6P、G6P 等),催化诸糖之间相互转换的酶也是类同的。

(2)在能量代谢方面,光合作用中光合磷酸化产生 ATP 所需的 ADP 和产生 NADPH 所需的 $NADP^+$,与呼吸作用所需的 ADP 和 $NADP^+$ 是相同的,它们可以通用。

6. TCA 循环、PPP、GAC 等途径各发生在细胞的什么部位? 各有何生理意义?

答:(1)TCA 循环　发生在线粒体的基质中。它的生理意义:①在 TCA 循环中,丙酮酸彻底氧化分解为 CO_2 和水,同时生成 NADH、$FADH_2$ 和 ATP,所以 TCA 循环是需氧生物体内有机物质彻底氧化分解的主要途径,也是需氧生物获取能量的最有效途径。②TCA 循环可通过代谢中间产物与其他多条代谢途径发生联系,所以说,TCA 循环是需氧生物体内多种物质代谢的枢纽。

(2)PPP 途径　发生在细胞质中。它的生理意义:①为其他合成反应提供还原力。②中间产物是许多重要有机物质合成的原料。

(3)GAC 途径　发生在植物和微生物的乙醛酸循环体中。它的生理意义:①GAC 中生成中的二羧酸与三羧酸,可以进入 TCA 循环。②油料作物种子萌发时,通过乙醛酸循环,将脂肪转变为糖,以满足生长发育的需要。

7. 如何安全贮藏种子? 简述其中的生理学原理。

答:(1)为了安全贮藏种子,应采取以下措施:①严格控制进仓时种子的含水量(不得超过安全含水量)。②注意库房的干燥和通风降温。③控制库房内空气成分。如适当增高二氧化碳含量或充入氮气、降低氧的含量。④用磷化氢等药剂灭菌,抑制微生物的活动。

(2)种子呼吸速率受其含水量的影响很大。一般油料种子含水量在 $8\%\sim9\%$,淀粉种子含水量在 $12\%\sim14\%$ 时,种子中原生质处于凝胶状态,呼吸酶活性低,呼吸极微弱,可以安全贮藏,此时的含水量称为安全含水量。超过安全含水量时呼吸作用就显著增强。其原因是,种子含水量增高后,原生质由凝胶转变成溶胶,自由水含量升高,呼吸酶活性大大增强,呼吸也就增强。呼吸旺盛,不仅会引起大量贮藏物质的消耗,而且由于呼吸作用的散热提高了种子温度,呼吸作用放出的水分会使种子湿度增大,这些都有利于微生物活动,使种子丧失发芽力和食用价值。

8. 简述植物组织受伤时呼吸速率加快的原因。

答:(1)细胞中的酚氧化酶等与其底物在细胞中是被隔开的,损伤使原来的间隔被破坏,酚类化合物被迅速氧化,增加呼吸速率。(2)损伤使某些细胞恢复分裂能力,通过形成愈伤组织来修复伤口。这些分裂生长旺盛的细胞合成大量的结构物质,需要通过增强呼吸作用来提供原料和能量,所以组织的呼吸速率会提高。

9. 比较呼吸作用与光合作用的区别。

答:光合作用是制造有机物、贮存能量的过程;呼吸作用是分解有机物、释放能量的过程,二者区别见下表。

光合作用	呼吸作用
1. 以 CO_2 和 H_2O 为原料	1. 以 O_2 和有机物为原料
2. 产生有机物糖类和 O_2	2. 产生 CO_2 和 H_2O
3. 叶绿素等捕获光能	3. 有机物的化学能暂时贮存于 ATP 中或以热能散失
4. 通过光合磷酸化把光能转变为 ATP	4. 通过氧化磷酸化把有机物的化学能转变为 ATP
5. H_2O 的氢主要转移至 $NADP^+$,形成 $NADPH+H^+$	5. 有机物的氢主要转移至 NAD^+,形成 $NADH+H^+$
6. 糖合成过程主要利用 ATP 和 $NADPH+H^+$	6. 细胞活动利用 ATP 和 $NADH+H^+$ 或 $NADPH+H^+$ 做功
7. 仅有含叶绿素的细胞才能进行光合作用	7. 活的细胞都能进行呼吸作用
8. 只有光照下才能发生	8. 在光照下或黑暗中都能发生
9. 发生在植物的叶绿体中	9. EMP 和 PPP 发生在细胞质中,TCA 和氧化磷酸化发生在线粒体中

10. 果实成熟时产生呼吸跃变的原因是什么?

答:(1)随着果实发育,细胞内线粒体增多,呼吸活性增强;(2)产生了天然的氧化磷酸化解偶联,刺激了呼吸活性的提高;(3)乙烯释放量增加,诱导抗氰呼吸加强;(4)糖酵解关键酶被活化,呼吸活性增强。

11. 根据芳香烃环上碳原子数目的不同,植物酚类化合物可分为哪几种(写出碳骨架)? 代表化合物有哪些?

答:植物酚类化合物的种类、碳骨架和代表化合物如下:

酚类化合物种类	碳骨架	代表化合物
简单苯丙酸类	C_6-C_3	桂皮酸(肉桂酸)、对-羟基桂皮酸、咖啡酸、阿魏酸
苯丙酸内酯类	C_6-C_3	香豆素、伞形花内酯、补骨脂素、邪蒿内酯
苯甲酸衍生物类	C_6-C_1	水杨酸、没食子酸、香兰素
类黄酮类化合物	$C_6-C_3-C_6$	黄酮、黄酮醇、异黄酮、黄烷酮、花色素
木质素类化合物	$[C_6-C_3]_n$	紫丁香基木质素、愈创木基木质素、对-羟基苯基木质素
鞣质类化合物	$[C_6-C_3-C_6]_n$	可水解鞣质、缩合鞣质、复合鞣质

第5章 植物细胞信号转导与植物生长物质

【学习目的与要求】

通过本章学习,了解细胞信号转导的概念和主要内容,了解植物生长物质的相关概念;掌握五大类激素的发现、结构、合成及其在细胞内的信号转导过程;掌握受体和跨膜信号转换的过程;掌握植物细胞第二信使的种类及作用和蛋白质的可逆磷酸化;掌握五大类激素的作用、作用机理及应用,了解植物生长物质的应用现状及应用方法。通过这些理论知识的理解和掌握,达到理论联系实际,能通过调控细胞信号转导过程,应用植物生长物质解决农、林、果、蔬及花卉生产中的实际问题。

【重点和难点】

重点

(1)植物体内主要的信号转导系统;(2)植物生长物质、植物激素、植物生长调节剂的基本概念;(3)植物激素的基本结构、主要生理作用及生产上的应用。

难点

(1)细胞信号转导的分子途径;(2)植物激素作用机理;(3)植物激素的生物合成。

【学习要点】

植物体生活在多变的环境中,生活环境的影响贯穿于植物体的整个生命过程。植物体通过细胞感受其生存环境刺激,转导各种环境刺激,引起相应生理反应,这个过程称为细胞信号转导。在植物生长发育过程中,除了需要大量水分、矿物质和有机物等,还需要一类微量的生长物质来调节与控制植物体内各种代谢过程,这些微量的生长物质即为植物生长物质。

5.1 植物细胞信号转导体系

植物细胞信号转导是偶联各种刺激信号(内外源刺激信号)与其引起的相应的生理效应的一系列分子反应机制(图 5-1)。植物细胞的信号转导过程可以分为 4 个步骤:一是信号分子与细胞表面的受体结合;二是跨膜信号转换;三是在细胞内通过信号转导网络进行信号传递、放大与整合;四是导致细胞的生理生化反应。如果信号分子可直接进入细胞内,前两步可省略,信号分子直接与细胞内的受体结合。细胞外的刺激信号主要包括胞外环境信号和胞间信号,信号通过细胞表面受体和质膜内受体被细胞感受。植物细胞表面的受体主要包括离子通道受体、酶联受体和 G 蛋白偶联受体。胞外信号通过细胞膜转换为细胞内信号的过程称为跨膜信号转换,细胞表面的受体尤其是 G 蛋白偶联受体在信号的跨膜转换过程中起重要的作用。胞外信号传导到细胞后,通过信号转导通常会产生胞内第二信使[Ca^{2+}/CaM、IP_3、DAG(二酰甘油)、cAMP(环磷酸腺苷)等],从而将胞外配体所含的信息转换为胞内第二信使信息。第二信使进一步将信号传递和放大,最终引起细胞反应。蛋白质可逆磷酸化是细胞信号传递过程中所有信号传递途径的共同环节,由蛋白激酶和蛋白磷酸酯酶完成。细胞内的各个信号转导途径之间存在交互作用,形成细胞内的信号转导网络。目前,信号转导的研究对植物科学所有方面做出了重要贡献,将许多领域的研究组成一个系统的信号转导途径,并由这些信号转导途径通向揭示生命奥秘的细胞过程。

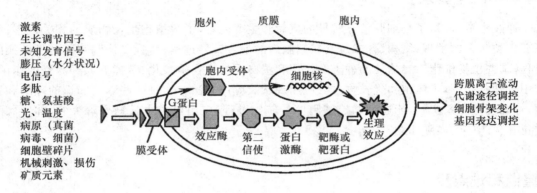

图 5-1 植物细胞信号转导轮廓(引自蔡永萍,2014)

5.2 生长素类

生长素类是指与植物内源生长素(吲哚乙酸)具有相同或相似作用的合成或天然物质的统称。生长素是最早发现的一种植物激素。1880 年,Darwin 的向光性实验是发现生长素最早的实验;1934 年,Kogl 分离出吲哚乙酸(IAA)并鉴定其结构。生长素主要在叶原基、嫩叶、发育的种子中合成,其合成以色氨酸为前体物,有吲哚丙酮酸途径、色胺途径、吲哚乙腈途径和吲哚乙酰胺途径四种途径。生长素在植物体内以自由型和束缚型两种类型存在。生长素具有极性运输的特点,从形态学上端向下端运输。生长素的降解包括酶促降解和光氧化降解两种途径。

生长素的生理作用包括促进或抑制植物生长,促进细胞分裂和分化,延迟离层形成、防脱落,促进单性结实、形成无籽果实,诱导雌花形成,维持顶端优势,高浓度诱导乙烯产生,调节物质运输方向,延长休眠期,促进根的分化等。

可以用酸生长学说(IAA 快反应)和基因激活学说(IAA 慢反应)来阐明生长素的作用机理。

人工合成的生长素在农业生产上的应用包括促进插枝生根、防止器官脱落、延长休眠、促进菠萝开花、性别分化控制和促进单性结实等。

5.3 赤霉素类

赤霉素(GA)是一种双萜类化合物,其基本结构是由 A、B、C、D 四个环组成的赤霉素烷环。GA 可分为 C_{19}、C_{20} 两类,其中前者多,活性高。GA 有自由型和束缚型两种存在形式。

GA 生物合成途径如下:乙酰 CoA 经甲瓦龙酸(甲羟戊酸 MVA)途径,分三步:质体中,终产物内根-贝壳杉烯;内质网中,终产物 GA_{12} 或 GA_{53};细胞质中,终产物为其他 GA。GA 的生理作用包括:促进茎、叶的伸长,诱导水解酶如 α-淀粉酶的合成,抑制侧芽生长,打破休眠,促进雄花分化,诱导单性结实等。GA 的作用机理是 GA 与受体结合成复合体,与 G 蛋白作用,诱发 cGMP 途径(钙不依赖信号转导途径)、钙调蛋白及蛋白激酶途径(钙依赖信号转导途径)两条信号转导途径,激活靶基因的表达,形成新的蛋白质,促进细胞的伸长生长。

5.4　细胞分裂素类

细胞分裂素(CTK)是腺嘌呤衍生物。天然游离型细胞分裂素主要有玉米素核苷、二氢玉米素、玉米素 Z、异戊烯基腺苷;人工合成细胞分裂素主要有 KT(激动素)、6-BA(6-苄基腺嘌呤)、PBA(四氢吡喃苄基腺嘌呤)、二苯脲。根部是合成 CTK 的主要部位,通过木质部向上运输,少数在叶片合成的通过韧皮部运输,另外茎尖、发育的种子果实也可以合成。CTK 的生物合成是从甲瓦龙酸开始的,是在细胞的微粒体中合成的。CTK 的生理作用包括:促进细胞分裂与增大,促进器官的分化,有利于雌花的分化,解除顶端优势、促进侧芽发育,延缓叶片衰老与脱落等。细胞分裂素对转录和翻译水平起调控作用。其结合受体存在于核糖体上。细胞分裂素的作用机理与钙信号系统有关。

CTK 抑制衰老机理:阻止超氧自由基和羟自由基产生,加速其猝灭,防止生物膜中不饱和脂肪酸氧化,保护膜完整性;阻止核酸酶和蛋白酶等水解酶产生,保护核酸、蛋白质、叶绿素不被破坏;不仅阻止营养物外流,且可使营养物不断运向它所在部位。

5.5　脱落酸类

脱落酸(ABA)是一种以异戊二烯为基本单位组成的含 15 个碳原子的倍半萜羧酸。ABA 的生物合成包括甲瓦龙酸途径(ABA 合成的直接途径)和类胡萝卜素途径(ABA 合成的间接途径)两种途径。ABA 的生理作用包括:抑制细胞的伸长和分裂,促进芽和种子休眠,促进气孔关闭,提高抗逆性,促进器官的脱落、衰老与成熟,抵消 GA 对水解酶的诱导,促进植物开花等。ABA 被称为胁迫激素。ABA 的作用机理是抑制酶的活性与合成。

5.6　乙烯

乙烯(ETH)广泛存在于真菌、细菌和高等植物体中,具有"遇激而增,传信应变"的性质。乙烯生物合成的前体是蛋氨酸,直接前体是 ACC(1-氨基环丙烷-1-羧酸)。乙烯生物合成的酶调节包括 ACC 合酶、ACC 氧化酶、ACC 丙二酰基转移酶。乙烯的生理作用包括:改变植物生长习性("三重反应"),促进果实的成熟(催熟激素),促进器官的脱落和衰老,促进植物开花和雌花分化,诱导次生物质分泌等。乙烯的作用方式是促进转录和蛋白质的合成,改变膜透性。

5.7　其他天然的植物生长物质

其他天然的植物生长物质包括油菜素内酯(BR)、茉莉酸(JA)及茉莉酸甲酯(MJ)、水杨酸(SA)、多胺(PA)等。BR 的生理作用主要是促进细胞伸长和分裂,促进光合作用,提高抗性。JA 和 MJ 的生理作用主要是促进乙烯合成、叶片衰老脱落、气孔关闭,抑制种子萌发、营养生长、叶绿素形成,提高抗逆性。SA 的生理作用主要是诱导抗氰呼吸即生热效应,诱导开花,增加分枝,提高抗病性。PA 包括腐胺、尸胺、亚精胺、精胺、鲱精胺五种,主要生理作用是促进生长、延缓衰老、适应逆境条件。

5.8 植物生长调节剂在农业生产上的应用

生长促进剂是促进植物细胞分裂、分化和伸长生长,促进植物营养器官生长和生殖器官发育的生长调节剂,包括 IPA(吲哚丙酸)、NAA(萘乙酸)、KT、6-BA、DPU(二苯基脲)等。植物生长抑制物质包括生长抑制剂和生长延缓剂。生长抑制剂可抑制顶端分生组织生长,使植物丧失顶端优势,植株形态发生很大变化,外施 GA 不能逆转这种效应。人工合成的生长抑制剂包括三碘苯甲酸、整形素、马来酰肼(MH)(青鲜素)等。生长延缓剂可抑制茎部近顶端分生组织的细胞延长,使节间缩短,但叶数和节数不变,株型紧凑、矮小,外施 GA 可逆转其抑制效应。人工合成的生长延缓剂包括矮壮素(CCC)(用于小麦、棉花)、缩节胺(Pix、DPC,用于棉花)、B₉、多效唑(PP333/氯丁唑)、烯效唑(S-3307、优康唑)等。

【自测题】

一、名词解释

1. 细胞信号转导;2. 受体;3. 化学信号;4. 物理信号;5. 第二信使;6. 双信号系统;7. 蛋白激酶;8. 蛋白磷酸酯酶;9. 植物生长物质;10. 植物激素;11. 植物生长调节剂;12. 极性运输;13. 乙烯的"三重反应";14. 偏上生长;15. 植物生长延缓剂;16. 植物生长抑制剂;17. 激素受体;18. 自由生长素;19. 束缚生长素。

二、填空题

1. 植物细胞的信号分子按其作用范围可分为＿＿＿＿信号分子和＿＿＿＿信号分子。细胞信号传导的分子途径,可分为四个阶段:＿＿＿＿信号传递,＿＿＿＿信号转换,＿＿＿＿信号转导,＿＿＿＿可逆磷酸化。

2. 随着刺激强度的增加,细胞合成量及向作用位点输出量也随之增加的化学物质称之为＿＿＿＿＿化学信号;而随着刺激强度的增加,细胞合成量及向作用位点输出量随之减少的化学物质称为＿＿＿＿＿化学信号。

3. G 蛋白因生理活性有赖于与＿＿＿＿＿的结合以及具有＿＿＿＿＿的活性而得名。

4. 质膜中的磷酸脂酶 C 水解 PIP₂(磷脂酰肌醇-4,5-二磷酸),产生＿＿＿＿和＿＿＿＿两种信号分子。因此,该系统又称双信号系统。其中＿＿＿＿＿通过调节 Ca²⁺ 浓度,而＿＿＿＿＿则通过激活蛋白激酶 C(PKC)来传递信息。

5. 蛋白质磷酸化与脱磷酸化分别由＿＿＿＿＿和＿＿＿＿＿催化完成。

6. 目前公认的植物激素有五类:＿＿＿、＿＿＿、＿＿＿、＿＿＿、＿＿＿。

7. 首次进行胚芽鞘向光性实验的研究者是＿＿＿＿＿。

8. 在高等植物中生长素的运输方式有两种:＿＿＿和＿＿＿。

9. 生产上应用最多的人工合成生长素类物质主要有＿＿＿、＿＿＿、＿＿＿和＿＿＿等。

10. 生长素有两种存在形式。＿＿＿型生长素的生物活性较高,而成熟种子里的生长素则以＿＿＿型存在。生长素降解可通过两个途径:＿＿＿氧化降解和＿＿＿降解。

11. 赤霉素合成的起始物是_____。赤霉素的基本结构是_____。激动素是_____的衍生物。脱落酸是一种以异戊二烯为基本结构单位的含有_____个碳原子的化合物。

12. 乙烯的"三重反应"现象:_____、_____和_____。

13. 乙烯利在 pH ____ 时分解放出乙烯。

14. 生长素、赤霉素、脱落酸和乙烯的合成前体分别是_____、_____、_____和_____。

15. 维持顶端优势的是_____,促进侧芽生长的是_____。

16. 甲瓦龙酸在长日照条件下形成_____,在短日照条件下形成_____。

17. 促进两性花雄花形成的生长物质是_____,促进雌花形成的生长物质是_____。

18. 促进插条生根的植物激素是_____;促进气孔关闭的植物激素是_____;保持离体叶片绿色的植物激素是_____;促进离层形成及脱落的植物激素是_____;诱导大麦糊粉层 α-淀粉酶形成的植物激素是_____,加速橡胶分泌乳汁的植物激素是_____。

19. 多胺是一类_____,生物合成多胺的前体物质是_____、_____和_____。

20. 已发现的各种天然 BR,根据其 B 环中含氧功能团的性质,可分为 3 类,即_____型、_____型和_____型(还原型)。

三、单项选择题

1. 以下信号属于体内信号的是(　　)。
(A)温度　　　　　(B)水分　　　　　(C)生长调节剂　　(D)气体

2. 以下物质中(　　)不作为第二信使。
(A)钙离子　　　　(B)cAMP　　　　(C)DAG　　　　　(D)ATP

3. 以下不属于细胞表面受体的是(　　)。
(A)离子通道受体　　　　　　　　(B)G 蛋白偶联受体
(C)酶联受体　　　　　　　　　　(D)细胞核上的受体

4. 可介导跨膜信号转换的有(　　)。
(A)二元组分系统　(B)小 G 蛋白　　(C)CaM　　　　　(D)Ca^{2+}

5. 下列(　　)不是植物胞间信号。
(A)植物激素　　　(B)电波　　　　　(C)水压　　　　　(D)淀粉

6. 属于胞外钙库的有(　　)。
(A)液泡　　　　　(B)线粒体　　　　(C)内质网　　　　(D)细胞壁

7. 钙依赖性蛋白激酶(CDPK)属于(　　)。
(A)丝氨酸/苏氨酸激酶　　　　　　(B)酪氨酸激酶
(C)组氨酸激酶　　　　　　　　　(D)蛋氨酸激酶

8. 植物激素和植物生长调节剂最根本的区别是(　　)。
(A)两者的分子结构不同　　　　　(B)两者的生物活性不同
(C)两者的合成方式不同　　　　　(D)两者在体内的运输方式不同

9. 关于生长素作用的酸生长理论认为生长素的受体存在于(　　)上。
(A)细胞核　　　　(B)细胞壁　　　　(C)细胞质膜　　　(D)线粒体膜

10. 生长素促进枝条切段根原基发生的主要原因是(　　)。

(A)促进细胞伸长　　　　　　　　　(B)刺激细胞分裂

(C)引起细胞分化　　　　　　　　　(D)促进物质运输

11. 以下叙述中,仅(　　)是没有实验根据的。

(A)乙烯促进鲜果的成熟,也促进叶片的脱落

(B)乙烯抑制根的生长,却刺激不定根的形成

(C)乙烯促进光合磷酸化

(D)乙烯增加膜的透性

12. (　　)作物在生产上需要利用和保护顶端优势。

(A)麻类和向日葵　　(B)棉花和瓜类　　(C)茶树和果树　　(D)烟草和绿篱

13. 同一植物的不同器官对生长素敏感程度的次序为(　　)。

(A)芽＞茎＞根　　(B)根＞芽＞茎　　(C)茎＞芽＞根　　(D)茎＞根＞芽

14. 大量用于生产无根豆芽的复配剂是(　　)。

(A)吲哚乙酸＋赤霉素　　　　　　　(B)吲哚乙酸＋脱落酸

(C)赤霉素＋乙烯　　　　　　　　　(D)6-苄基腺嘌呤＋生长素

15. 能解除顶端优势的植物激素是(　　)。

(A)生长素　　　　(B)赤霉素　　　　(C)乙烯　　　　(D)细胞分裂素

16. 促进植物茎伸长的主要植物激素是(　　)。

(A)赤霉素　　　　(B)乙烯　　　　　(C)细胞分裂素　　(D)脱落酸

17. 促进次生物质分泌的植物激素是(　　)。

(A)赤霉素　　　　(B)乙烯　　　　　(C)细胞分裂素　　(D)脱落酸

18. 与生长素形成有关的矿质元素是(　　)。

(A)Fe　　　　　　(B)Zn　　　　　　(C)Mn　　　　　　(D)Mo

19. 植物体内合成细胞分裂素的主要器官是(　　)。

(A)茎尖　　　　　(B)叶片　　　　　(C)根尖　　　　　(D)芽

20. 植物体内抗生长素的植物生长物质是(　　)。

(A)赤霉素　　　　(B)整形素　　　　(C)细胞分裂素　　(D)脱落酸

21. 赤霉素在大麦种子中的(　　)产生。

(A)胚乳　　　　　(B)表皮　　　　　(C)胚　　　　　　(D)皮层

22. 生物合成细胞分裂素是在细胞的(　　)中进行的。

(A)线粒体　　　　(B)叶绿体　　　　(C)微粒体　　　　(D)内质网

23. 具有极性运输的植物激素是(　　)。

(A)IAA　　　　　(B)GA_3　　　　　(C)CK　　　　　(D)ETH

24. 与植物向光性有关的植物激素是(　　)。

(A)IAA　　　　　(B)GA_3　　　　　(C)CK　　　　　(D)ETH

25. 赤霉素的受体位于(　　)。

(A)质膜　　　　　(B)细胞核　　　　(C)胞质溶胶　　　(D)液泡膜

26. 最早发现的细胞分裂素是(　　)。

(A)玉米素　　　　(B)激动素　　　　(C)玉米素核苷　　(D)异戊烯基腺苷

27. 在植物根中生长素运输的主要方式是（　　　）。

(A)自由运输　　　(B)双向运输　　　(C)极性运输　　　(D)横向运输

28. 大麦种子发芽时赤霉素作用的靶细胞是（　　　）。

(A)胚乳细胞　　　(B)皮层细胞　　　(C)糊粉层细胞　　　(D)胚细胞

29. 大麦种子发芽时,α-淀粉酶产生的部位是（　　　）。

(A)胚乳细胞　　　(B)皮层细胞　　　(C)糊粉层细胞　　　(D)胚细胞

30. 被人们称为"逆境缓和激素"的植物生长物质是（　　　）。

(A)BR　　　(B)JA　　　(C)PA　　　(D)SA

四、判断题

1. 脱落酸可以改变某些酶的活性,如抑制大麦胚乳中 α-淀粉酶的合成,因此有抗赤霉素的作用。（　　　）

2. 根尖合成的赤霉素沿韧皮部向上运输,而叶片合成的赤霉素沿木质部向上运输。（　　　）

3. 细胞分裂素能促进矮生品种(如玉米、四季豆)茎的伸长。（　　　）

4. 在组织培养中,诱导形成根或芽是由 CTK 和 IAA 的浓度比(CTK/IAA)决定的,当 CTK/IAA 低时,诱导芽的分化;当 CTK/IAA 高时,诱导根的分化。（　　　）

5. IAA 仅存在于高等植物体中。（　　　）

6. 植物体中不能合成 IBA。（　　　）

7. IAA^- 比 IAAH 容易透过质膜。（　　　）

8. 生长素的极性运输仅局限于胚芽鞘、幼茎、幼根的薄壁细胞之间的短距离运输。（　　　）

9. 结合态的赤霉素才具有生理活性。（　　　）

10. CCC 可加速植株长高。（　　　）

11. 马来酰肼的作用与生长素是一致的。（　　　）

12. 油菜素内酯是一种甾体类物质,与动物激素结构相似。（　　　）

13. 矮壮素是一种抗赤霉素剂,可使节间缩短、植株变矮,叶色加深。（　　　）

14. 小麦拔节前使用多效唑,可以促进快长,降低抗寒性。（　　　）

15. B_9 促进果树顶端分生组织的细胞分裂。（　　　）

五、解释现象

1. 烟熏黄瓜可增加雌花数。

2. 青香蕉和成熟的橘子放在一起,可以促进香蕉的成熟。

3. 柳树丛枝病。

4. 将桃和蔷薇的种子进行层积处理,可以促进种子发芽。

5. 用膨大素处理葡萄花蕾和幼果,可以提高坐果率,增加果实重量。

六、问答题

1. 简述植物细胞信号转导的过程。

2. 试述钙调蛋白的作用方式及作用。

3. 乙烯促进果实成熟的原因何在?

4. 细胞分裂素为什么能延缓叶片衰老?

5. 试述 IAA 诱导细胞生长的机理。

6. 试述生长素和细胞分裂素,赤霉素和脱落酸,乙烯和生长素生理作用的相互关系。

7. 试述植物生长物质在农业生产中的主要应用。

8. 除五大类激素外,植物体内还含有哪些能显著调节植物生长发育的活性物质？它们主要有哪些生理效应？

【自测题参考答案】

一、名词解释

1. 细胞信号转导(cellular signal transduction):植物体通过细胞感受其生存环境刺激、转导各种环境刺激、引起相应生理反应,这个过程称为细胞信号转导。

2. 受体(receptor):是指能够与信号物质特异性识别结合,并将胞外信号转换为胞内信号的物质,主要是蛋白质(个别是糖脂)。

3. 化学信号(chemical signal):细胞感受刺激后合成并传递到作用部位引起生理反应的化学物质,称为化学信号。

4. 物理信号(physical signal):细胞感受刺激后产生的能够起传递信息作用的电信号和水力学信号等物理性因子,称为物理信号。

5. 第二信使(second messenger):由胞外刺激信号激活或抑制的、具有生理调节活性的细胞内因子称为细胞信号传导过程中的次级信号或第二信使。

6. 双信号系统(two-component signal system):是指肌醇磷脂信号系统,其最大的特点是胞外信号被膜受体接收后同时产生两个胞内信号分子（IP$_3$和DAG）,分别激活两个信号传递途径,即 IP$_3$/Ca^{2+} 和 DAG/PKC 途径,因此把这一信号系统称为"双信号系统"。

7. 蛋白激酶(protein kinase,PK):催化 ATP 或 GTP 的磷酸基团转移到底物蛋白的氨基酸残基上,使底物蛋白氨基酸残基磷酸化的酶称为蛋白激酶。

8. 蛋白磷酸酯酶(protein phosphatase,PP):催化磷酸化蛋白质的磷酸基团水解的酶称为蛋白磷酸酯酶。

9. 植物生长物质(plant growth substance):是一些可调节植物生长发育的微量有机物质,包括植物激素和植物生长调节剂。

10. 植物激素(plant hormone):植物激素是植物体内产生的,调节植物生长发育的微量有机物质。

11. 植物生长调节剂(plant growth regulator):是由人工合成的,在很低浓度下能够调控植物生长发育的化学物质。

12. 极性运输(polar transport):物质只能从植物形态学的上端向下端运输,而不能倒过来运输的现象,如植物体茎中生长素的向基性运输。

13. 乙烯的"三重反应"(triple response of ethylene):乙烯可抑制茎伸长生长(变短),促进茎加粗生长(变粗),使地上部分失去负向地性生长(偏上生长/横向生长)。

14. 偏上生长(epinasty growth):是指植物器官的上部生长速度快于下部的现象。乙烯对茎和叶柄都有偏上生长的作用,从而造成茎的横向生长和叶片下垂。

15. 植物生长延缓剂(plant growth retardant):抑制植物亚顶端分生组织生长的生长调节剂。它能抑制节间伸长而不抑制顶芽生长,其效应可被活性 GA 所解除。

16. 植物生长抑制剂(plant growth inhibitor):抑制顶端分生组织生长的生长调节剂。

它能干扰顶端细胞分裂,引起茎伸长的停顿和破坏顶端优势,其作用不能被赤霉素所解除。

17. 激素受体(hormone receptor):指能与激素特异地结合,并引起特殊的生理效应的物质。

18. 自由生长素（free auxin）:指具有活性,易于提取出来的生长素。

19. 束缚生长素(bound auxin):指没有活性,需要通过酶解、水解或自溶作用从束缚物释放出来的生长素。

二、填空题

1. 胞间,胞内,胞间,跨膜,胞内,蛋白质。

2. 正,负。

3. 三磷酸鸟苷(GTP),GTP 水解酶。

4. 肌醇-1,4,5-三磷酸(IP_3);二酰甘油(DAG);IP_3,DAG。

5. 蛋白激酶,蛋白磷酸酯酶。

6. 生长素类,赤霉素类,细胞分裂素类,脱落酸类,乙烯。

7. Darwin。

8. 韧皮部运输,极性运输。

9. α-NAA(α-萘乙酸);2,4-D;2,4,5-T;吲哚丁酸(IBA)。

10. 游离,束缚,光,酶促。

11. 甲羟戊酸,赤霉素烷,腺嘌呤,15。

12. 抑制茎伸长生长,促进茎加粗生长,促进茎的横向生长。

13. 高于4.1。

14. 色氨酸,甲瓦龙酸(甲羟戊酸),甲瓦龙酸,蛋氨酸(甲硫氨酸)。

15. 生长素,细胞分裂素。

16. 赤霉素,脱落酸。

17. 赤霉素,乙烯。

18. 生长素,脱落酸,细胞分裂素,乙烯或脱落酸,赤霉素,乙烯。

19. 脂肪族含氮碱,精氨酸,赖氨酸,蛋氨酸。

20. 内酯,酮,脱氧。

三、单项选择题

1. C　2. D　3. D　4. A　5. D　6. D　7. A　8. C　9. C　10. B　11. C
12. A　13. B　14. D　15. D　16. A　17. B　18. B　19. C　20. B　21. D
22. C　23. A　24. A　25. A　26. B　27. C　28. C　29. C　30. A

四、判断题

1. √　2. ×　3. ×　4. ×　5. ×　6. ×　7. ×　8. √　9. ×　10. ×
11. ×　12. √　13. √　14. ×　15. ×

五、解释现象

1. 烟熏黄瓜可增加雌花数。

答:烟中的有效成分是乙烯和一氧化碳。一氧化碳的作用是抑制吲哚乙酸氧化酶的活性,减少吲哚乙酸的破坏,提高生长素的含量,而生长素和乙烯都能促进瓜类植物多开雌花,因此烟熏黄瓜可增加雌花数。

2. 青香蕉和成熟的橘子放在一起,可以促进香蕉的成熟。

答:成熟的橘子释放出乙烯等气体,乙烯可以促进青香蕉的成熟。

3. 柳树丛枝病。

答:柳树感染了一类可以分泌细胞分裂素的病原菌后,病原菌产生的细胞分裂素促进侧芽大量增生,发生丛枝病。

4. 将桃和蔷薇的种子进行层积处理,可以促进种子发芽。

答:将桃和蔷薇的种子进行层积处理,促进种子胚完成生理后熟过程,促进抑制种子萌发的 ABA 等物质分解,同时层积低温打破休眠,从而促进种子发芽。

5. 用膨大素处理葡萄花蕾和幼果,可以提高坐果率,增加果实重量。

答:膨大素主要为细胞分裂素类生长调节剂,其作用是加强细胞分裂,增加细胞数量,加速蛋白质的合成,促进器官形成,同时可促进营养物质从植物的营养器官向生殖生长器官运输,刺激子房膨大,诱导单性结实,防止落花落果,因此可以提高坐果率,增加果实重量。

六、问答题

1. 简述植物细胞信号转导的过程。

答:植物细胞信号转导可以分为 4 个步骤:一是信号分子(包括物理信号和化学信号)与细胞表面的受体(G 蛋白偶联受体或类受体蛋白激酶)结合;二是信号与受体结合之后,通过受体将信号转导进入细胞内,即跨膜信号转换过程;三是信号经过跨膜转换进入细胞后,通过信号转导网络进行传递、放大与整合;四是导致细胞的生理生化反应。

2. 试述钙调蛋白的作用方式及作用。

答:钙调蛋白是一种耐热蛋白。它以两种方式起作用:第一,可以直接与靶酶结合,诱导靶酶的活性构象,从而调节靶酶的活性;第二,与钙离子结合,形成活化态的钙离子钙调素复合体,然后再与靶酶结合将靶酶激活。钙调素与钙离子的亲和力很高,一个钙调素分子可与四个钙离子结合。靶酶被激活后,调节蛋白质磷酸化,最终调节细胞生长发育。

3. 乙烯促进果实成熟的原因何在?

答:乙烯与质膜的受体结合之后,能诱发质膜的透性增加,使 O_2 容易通过质膜进入细胞质,诱导水解酶的合成,促使呼吸作用加强,有机物分解速度加快,使果实甜度增加,酸味减少,涩味消失,香味产生,色泽变艳,果实由硬变软,达到完全成熟。

4. 细胞分裂素为什么能延缓叶片衰老?

答:细胞分裂素防止叶片衰老、保绿的作用,主要是由于细胞分裂素抑制水解酶(纤维素酶、果胶酶、核糖核酸酶等)的产生,延缓核酸、蛋白质、叶绿素降解,稳定多聚核糖体(蛋白质高速合成的场所),抑制 DNA 酶、RNA 酶及蛋白酶的活性,保持膜的完整性等。此外,CTK 还可吸引和调动多种养分向处理部位移动,促进物质的积累,这是 CTK 延缓叶片衰老的另一原因。

5. 试述 IAA 诱导细胞生长的机理。

答:(1)生长素(IAA)与质膜上的受体结合,结合后的信号传到质膜上的质子泵,质子泵被活化,把胞质溶胶中的质子排到细胞壁,使细胞壁酸化。在酸性条件下,H^+ 一方面使细胞壁中对酸不稳定的键(如氢键)断裂,另一方面(也是主要方面)使细胞壁中某些多糖水解酶(如纤维素酶)活化或增加,从而使连接木葡聚糖与纤维素微纤丝之间的键断裂,细胞壁松弛。细胞壁松弛后,细胞的压力势下降,导致细胞的水势下降,细胞吸水,体积增大而发生不可逆增长。

(2)IAA 与质膜受体结合,结合后的信号传递到细胞核,使细胞核转录 mRNA,合成蛋白质。一些蛋白质(酶)补充到细胞壁上,使松弛的细胞壁加厚,使体积不可逆增大的细胞稳固。

6. 试述生长素和细胞分裂素,赤霉素和脱落酸,乙烯和生长素生理作用的相互关系。

答:IAA 促进细胞核的分裂,而 CTK 促进细胞质的分裂,二者共同作用,从而完成细胞核与细胞质的分裂。IAA 促进根的分化,CTK 促进芽的分化,在组织培养中 CTK/IAA 影响根、芽的分化。当比值高时,愈伤组织就分化出芽;比值低时,有利于分化出根;当比值处于中间水平时,愈伤组织只生长而不分化。GA 与 ABA 的拮抗作用表现在许多方面,如生长、休眠等。它们都来自甲瓦龙酸,且通过同样的代谢途径形成法尼基焦磷酸。在光敏色素作用下,长日照条件形成 GA,短日照条件形成 ABA。因此,夏季日照长,产生 GA 使植株继续生长;而冬季来临前日照短,则产生 ABA 而使芽进入休眠。这就是植物春天开始萌芽生长,秋天开始落叶休眠的主要原因。较高浓度的 IAA 促进 ACC 合成酶的活性,从而促进 ETH 的生物合成。ETH 能促进 IAA 氧化酶的活性,从而抑制 IAA 的合成和极性运输,因此,在 ETH 的作用下,IAA 含量水平下降。从某种角度上说,植物的生长发育是通过 IAA 与 ETH 的相互作用来实现的。

7. 试述植物生长物质在农业生产中的主要应用。

答:(1)促进生根　用吲哚丁酸羊脂膏涂于环割部位,外加苔藓以保持湿度,再用塑料薄膜包裹,可以促进生根。生根后将枝条割离母株,插入苗床。促生根调节剂主要用:NAA、IBA、NAA＋IBA,生产实践中侧柏、大黄杨、杜鹃、仙客来、一品红、天竺葵、杨树、桦、榆树、石竹、菊花等就是用配制好的 NAA、IBA、B$_9$ 等植物生长调节剂促进扦插生根。

(2)打破休眠,促进种子萌发　赤霉素能打破种子休眠、促进发芽。用赤霉素处理百合的鳞茎,储存 6 天后就能发芽;如用 100 mg/L 赤霉素处理杜鹃、山茶花、牡丹种子可打破休眠、促进发芽。

(3)调节花期　催花、促花在观赏植物花期的调控中非常重要。在生产实践中运用植物调节剂(催花剂、迟花剂)诱导或延缓开花。如郁金香株高 5～10 cm 时用调节剂可提前开花,将乙烯利滴在观赏凤梨科植物叶腋中,能诱导开花。

(4)造型、矮化,提高观赏度　生产实践中常常利用植物生长延缓剂,如矮壮素、丁酰肼、多效唑等进行造型、矮化。

(5)鲜切花保鲜　在生产实践中常用植物生长促进剂(6-BA、激动素、赤霉素、2,4-D)和植物生长延缓剂(青鲜素、矮壮素、B$_9$)延缓植物衰老,降低呼吸和代谢,阻止开花,如各种辅助因子一起配制成的鲜切花保鲜剂能延长鲜切花观赏期。

(6)防止盆栽植物落花落果,延长观赏期　在生产实践中常常用植物生长调节剂 NAA、6-BA、B$_9$、GA 等延长一品红、菊花、白子莲、金鱼草、秋海棠、文竹、朱砂根等盆栽植物的寿命。

(7)提高植物抗逆性　脱落酸、青鲜素能增强植物的抗逆性。

8. 除五大类激素外,植物体内还含有哪些能显著调节植物生长发育的活性物质? 它们主要有哪些生理效应?

答:其他天然的植物生长物质及其生理作用如下:

(1)油菜素内酯(BR)　甾体物质,促进细胞伸长和分裂。

(2)多胺(PA)　脂肪族含氮碱,有腐胺、尸胺、亚精胺、精胺、鲱精胺五种。主要作用是促进生长、延缓衰老、适应逆境条件。

（3）茉莉酸(JA)及茉莉酸甲酯(MJ)　促进乙烯合成、叶片衰老脱落、气孔关闭等,抑制种子萌发、营养生长、叶绿素形成,提高抗逆性。

（4）水杨酸(SA)　诱导抗氰呼吸,诱导开花,增加分枝,提高抗病力。

第6章　植物的生长生理

【学习目的与要求】

通过本章学习,了解影响种子萌发的外界条件;了解植物光受体的种类、组成及主要光学特性,以及对植物生长发育信号转导调控的特点;掌握种子萌发的基本过程及其生理生化变化;掌握细胞生长和分化的概念及组织培养的原理与应用;掌握植物生长的相关性;掌握各类光受体参与调控的主要植物生理过程。

【重点和难点】

重点

(1)种子萌发过程的生理生化变化;(2)顶端优势、根冠比等概念;(3)植物生长大周期的规律;(4)植物生长的相关性和周期性;(5)影响植物生长的环境因素;(6)光对植物生长发育的影响;(7)光受体的类型;(8)光敏色素的类型及其代谢。

难点

(1)理解植物生长与分化概念的区别;(2)植物组织培养的基本方法;(3)顶端优势的机理;(4)营养生长和生殖生长的相关性;(5)光形态建成;(6)光敏色素的作用机理。

【学习要点】

6.1　种子的萌发和幼苗的生长

种子萌发是指在适宜的环境条件下,种子从吸水到胚根突破种皮期间所发生的一系列生理生化变化过程。种子萌发时的生理生化变化主要包括:种子吸水的变化,呼吸作用的变化,干种子中已有酶系统以及细胞器的活化与损伤修复,新酶系统的合成,贮藏物质的动员等。根据吸收水分速率,种子萌发吸水可分为急剧吸水、滞缓吸水和重新迅速吸水三个阶段。种子萌发所需的酶有干种子中酶的活化和新酶的合成两个来源。种子萌发时,贮藏的有机物(淀粉、脂肪和蛋白质)在酶的作用下被分解为小分子化合物,并被运输到幼胚(胚根和胚芽)中作为营养物质被利用。种子萌发一方面受到内部因素(如种子活力、内源激素等)控制,另一方面也受到水分、温度、氧气和光照等环境因素的调控作用。其中,水分是种子萌发的第一条件。种子吸水可促进种皮膨胀软化、原生质活化,代谢活动加强,进而引起贮藏物质水解,为种子萌发生长提供物质和能量。种子萌发是由酶催化的生化反应过程,因此会受到温度的影响。种子萌发的最适温度是指种子在最短的时间范围内萌发率最高的温度。种子萌发时,由于呼吸作用旺盛,需要足够的氧气。另外,需光种子只有在有光条件下才能萌发良好,在黑暗中则不能发芽或发芽不好,如莴苣以及多种杂草种子等。红光可促进需光种子萌发,而远红光可逆转红光的效应,抑制需光种子萌发。

在生产上,播种前的预处理,可提高种子活力,改善田间成苗状态。对种子进行渗透调节处理则可以缩短播种至出苗所需的时间,提高幼苗的整齐度和抗逆性。

6.2　植物的组织培养

组织培养是在无菌条件下,在含有营养物质和植物生长物质等的培养基中,培养离体植物组织、器官、细胞等的技术。组织培养的理论依据是细胞全能性。在组织培养中,外植体经脱分化形成愈伤组织,再分化,生长发育成完整的植株。根据外植体的种类,可将植物组织培养分为器官培养、组织培养、胚胎培养、细胞培养和原生质培养等;根据培养过程不同,可分为初代培养和继代培养;根据培养方式不同,分为固体培养和液体培养。植物组织培养的培养基一般由无机营养物、碳源、维生素、生长调节物质和有机附加物等 5 类物质组成。植物组织培养技术的实际应用包括:植物的育种和品种改良(包括单倍体育种和体细胞杂交)、快速繁殖植物无性系、去除病毒与品种复壮、突变体的选育、生产人工种子和药用植物的工业化生产等。

6.3　植物生长的周期性

植物整体、器官或组织在整个生长过程中,均表现出"慢—快—慢"的生长大周期。其生长曲线呈"S"形,分为迟滞期、对数生长期、线性生长期和衰老期四个时期。植物生长速率按昼夜或季节周期发生有规律的变化,后者则会导致年轮的出现。

6.4　植物生长的相关性

植物生长的相关性是指植物体各器官间互相制约与促进的现象,主要包括地下部分与地上部分的相关性、主茎与侧枝的相关性及营养生长与生殖生长的相关性。植物地下部分与地上部分生长存在相关性,根冠比(R/T)是衡量地下部分与地上部分生长相关性的指标。温度较低、土壤较干燥、光照较强、磷肥供应多、氮肥适量,植物根冠比增加。顶端优势是植物主茎与侧枝相关性的体现,是指主轴顶端分生组织生长较快,顶芽的生长常常抑制侧芽生长的现象。激素学说是解释植物顶端优势的主流学说。顶端优势的维持和打破在农业生产上有广泛的应用。营养生长与生殖生长存在着相互依赖与制约的关系;营养生长对生殖生长有促进作用,但营养生长过旺会抑制生殖生长;同时,生殖生长对营养生长有抑制作用。果树大小年现象、氮肥过多引起作物贪青晚熟均是由于营养生长与生殖生长不平衡引起的。

6.5　植物的运动

根据引起植物运动的外界刺激方向,将植物的运动分为向性运动、感性运动以及近似昼夜节奏(生理钟、生物钟)运动。向性运动是指植物的某些器官受到外界环境中单方向的刺激而产生的运动,其运动方向取决于外界刺激方向,且是由生长引起的不可逆运动。植物的向性运动主要包括向光性、向重力性、向水性、向化性。向光性与生长素分布不均匀、抑制物质分布不均匀有关。植物在重力的影响下,保持一定方向生长的特性,称为向重力性。目前认为,植物感受重力信号的受体是平衡石(淀粉体)。另外,IAA 和 Ca^{2+} 也在植物向重力性上起作用。感性运动是指由没有一定方向性的外界刺激(如光暗转变、触摸、温度变化)或内部时间机制而引起的运动,外界刺激方向不能决定运动方向,主要包括感夜性、感热性、感震性。近似昼夜节奏(生理钟、生物钟)是指植物内生节奏调节的近似 24 h 的周期性变化节律。植物的生物钟具有明显的生态意义。

6.6　影响植物生长的环境条件

植物的生长除受到内部因素(包括基因、激素、营养等)的影响外,还受到外界环境条件(温度、水分、光照等)的影响。植物的生长受昼夜温度周期性变化影响的现象,称为生长的温周期现象。

6.7　光合作用与光控发育的区别

光不仅为植物光合作用提供辐射能量,还可以把信息从环境传递到植物,从而直接或间接地影响其生长发育。依赖光控制细胞的分化、结构和功能的改变,最终汇集成组织和器官的建成,称为植物的光形态建成,或称光控发育作用(表 6-1)。

表 6-1　光合作用与光控发育的区别

光合作用	光控发育
1.光能转化为化学能贮藏在有机物中	1.光作为信号激发受体,推动一系列反应引起形态变化
2.光对代谢活动的影响	2.光对形态变化的影响
3.要求光能较高	3.要求光能较低
4.光的受体是叶绿体色素	4.光的受体是光敏色素、蓝光受体和紫外光-B 受体

6.8　植物的光受体

根据光受体最有效的吸收光谱与作用光谱范围,目前知道的植物光受体有 3 类:一是吸收红光(650~680 nm)/远红光(710~740 nm)的光敏色素(phytochrome,Phy);二是吸收蓝光(400~500 nm)/紫外光-A(UV-A,330~390 nm)的蓝光受体(blue light receptor),目前研究发现的有隐花色素(cryptochrome,Cry)和向光素(phototropin,Phot);三是吸收紫外光-B(UV-B,280~320 nm)的紫外光-B 受体 UV-8(UV-B receptor 8)。

1. 光敏色素

光敏色素是一种易溶于水的浅蓝色的色素蛋白质,在植物体中以两个亚基组成的二聚体形式存在。每一个亚基由生色团和脱辅基蛋白两部分组成。光敏色素有红光吸收型(Pr)和远红光吸收型(Pfr)两种形式,其中 Pfr 是生理活化型,通过信号转导启动生理反应。两种形式的光敏色素在红光或远红光照射下发生可逆转换,所以光敏色素介导的反应通常是红光—远红光可逆反应。目前判断一个光调节的反应过程是否包含有光敏色素作为其中光受体的实验标准是:如果一个光反应可以被红闪光诱发,又可以被紧随红光之后的远红闪光所充分逆转,那么,这个反应的光受体就是光敏色素。黑暗中生长的幼苗合成 Pr 型光敏色素,光下转换为 Pfr 型,但光下 Pfr 型不稳定,大量降解,达到一个新的稳定状态。Pfr 型光敏色素在暗中又自发地逆转为 Pr 型(图 6-1)。

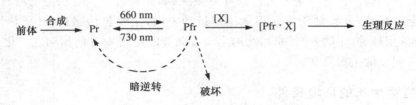

图 6-1　光敏色素代谢与光转换

一般将在黄化组织中主要存在的光敏色素称为类型 Ⅰ 光敏色素(pⅠ),为光不稳定型;而在光下生长的绿色组织中存在的光敏色素称为类型 Ⅱ 光敏色素(pⅡ),为光稳定型。pⅠ 负责幼苗去黄化、光诱导的一些酶合成及色素合成等反应;pⅡ 负责的反应发生在光下生长的植物中,生理功能较为复杂,在抑制幼苗黄化、遮阴反应和光周期调控开花时间等方面发挥主要作用。光敏色素的种类主要由脱辅基蛋白决定。脱辅基蛋白是由一个多基因家族编码的,一般认为被子植物中存在光敏色素基因家族(称作 *PHY*)。光敏色素基因包括两个中心区域,即与生色团相作用的 N 端"光感受区"和 C 端"光信号输出区"。

光敏色素分布于植物各种器官和组织中,但分布不均匀。在植物分生组织和幼嫩器官,如胚芽鞘、芽尖、幼叶、根尖和节间分生区中含量较高。

植物个体发育的整个过程都离不开光敏色素的作用。植物体内约有 60 种酶或蛋白质受光敏色素的调控。另外,光敏色素与植物体内的激素代谢也有关。棚田效应是指红光可诱导离体绿豆根尖的膜产生少量正电荷,因此可使之黏附在带负电荷的玻璃表面的现象,远红光照射可逆转该过程。光敏色素作用于植物光形态建成的机理,目前有两种假说:膜作用假说与基因调节假说。

2.隐花色素与向光素

隐花色素是吸收蓝光(400～500 nm)和近紫外光(320～400 nm)而引起光形态建成的一类光受体,又称蓝光受体或蓝光/紫外光 A 受体。隐花色素引起的反应称为蓝光反应。蓝光反应的信号转导途径可能是多途径的,在蓝光、近紫外光引起的信号传递过程中涉及 G 蛋白、蛋白磷酸化和膜透性的变化。隐花色素能介导光调节的基因表达。

向光素(phototropin)是继光敏色素、隐花色素之后发现的一种蓝光受体。向光素有两种同功蛋白(phot1 和 phot2),分别含有生色团黄素单核苷酸(flavin mononucleotide,FMN)结合区和 LOV(light,oxygen,voltage)结合区两个重要的多肽区域。蓝光信号激活 LOV 结构域可能的下游激活途径是通过向光素自身磷酸化或进一步磷酸化其他的蛋白实现的。

3.UV-B 受体

UV-B 能使核酸分子结构破坏,多种蛋白质变性,IAA 氧化,细胞的分裂与伸长受阻,从而使植株矮化、叶面积减少。高山上空气稀薄,短波长光易透过,日光中紫外线特别丰富,因而高山植物长得相对矮小。UV-B 受体是吸收 280～320 nm 波长紫外光,引起光形态建成反应的光受体。UV-B 通过该受体对植物形态建成发挥一定作用。光敏色素和 UV-B 受体都可参与诱导花青素合成的信号转导。花青苷和黄酮类物质的产生可能是植物对 UV-B 伤害的一种适应反应。

【自测题】

一、名词解释

1. 发育；2. 生长；3. 分化；4. 生命周期；5. 形态建成；6. 极性；7. 外植体；

8. 植物组织培养；9. 愈伤组织；10. 脱分化；11. 再分化；12. 胚状体；13. 种子生活力；

14. 生长曲线；15. 生长大周期；16. 温周期现象；17. 生长相关性；18. 顶端优势；

19. 协调最适温度；20. 根冠比；21. 人工种子；22. 向性运动；23. 感性运动；

24. 生物钟；25. 植物的光形态建成；26. 黄化现象；27. 光稳定平衡；28. 棚田效应；

29. 蓝光效应；30. 低辐照度反应；31. 极低辐照度反应。

二、填空题

1. 细胞在生长过程中,通过_____增加细胞数目,通过_____增加细胞体积,通过_____形成不同组织和器官。

2. 种子萌发时酶的形成有两种来源,一种是_____,另一种是_____。

3. 蔗糖在组织培养基中的作用是_____和_____。

4. 高等植物的生命周期是指_____。

5. 延长种子寿命的有效办法是_____和_____。

6. 快速检测种子活力的方法包括_____、_____和_____。

7. 植物细胞生长通常分为三个时期:_____、_____和_____。

8. 细胞脱分化是指_____,细胞脱分化的结果常常形成_____。

9. 顶端优势是指植物的_____制约了_____的现象。

10. 组织培养分化出的愈伤组织中形成的一些具有类似胚胎结构的细胞或细胞群叫作_____,其一端分化成_____,另一端分化成_____,将其分离转移在培养基上,最终形成完整的小植株。

11. 组织培养技术的理论基础是_____。

12. 植物生长的相关性主要表现在_____的相关性,_____的相关性,_____的相关性。

13. 生产上要消除顶端优势的例子有:_____、_____。保持顶端优势的例子有:_____、_____。

14. 高等植物的运动可分为_____运动和_____运动。_____运动是指植物器官受到环境因素的单方向刺激所产生的定向运动。根据刺激因素的种类可将其分为_____性、_____性、向水性和_____性等,并规定对着刺激方向运动的为_____运动,背着刺激方向的为_____运动。

15. 莴苣种子在_____光下萌发率高,在_____光下萌发率低。

16. 光抑制生长的原因可能是_____。

17. 隐花色素是吸收_____光,而引起_____反应的光受体。

18. 光敏色素在吸收 660～665 nm 的光后转变为_____形式,而在吸收 725～730 nm 的光后转变为_____形式。生理跃变的形式是_____。

19. 参与植物喜光种子萌发、植物开花和植物形态建成的色素是_____。

20. 光形态建成是由_____控制的一种低能反应。

21. 植物中除含有大量的叶绿素、类胡萝卜素和花青素外,还含有一些微量色素,已知的有_____色素、_____色素、_____素和_____受体。这些微量色素因能接受_____、_____、光照时间、光照方向等信号的变化,进而影响植物的光形态建成,故称为光受体。

22. 紫外光-B受体(UV-B receptor)是吸收_____波长紫外光,引起光形态建成反应的光受体。

三、单项选择题

1. 决定植物分化的最根本因素是( )。
(A)遗传物质　　　(B)环境温度　　　(C)位置效应　　　(D)极性

2. 在IAA浓度相同条件下,蔗糖与诱导维管束分化的关系是( )。
(A)蔗糖浓度低时利于韧皮部分化　　　(B)蔗糖浓度较高时利于木质部分化
(C)蔗糖浓度适中时利于韧皮部分化　　　(D)蔗糖浓度适中时利于木质部和韧皮部分化

3. 根中伸长区所具有的特点是( )。
(A)DNA的复制　　(B)细胞分裂　　(C)细胞的分化　　(D)液泡的形成

4. 提高植物根冠比的水肥措施是( )。
(A)多施氮肥　　　　　　　　(B)多施氮肥,少浇水
(C)多施氮钾肥　　　　　　　(D)多施磷肥,控制水分

5. 植物细胞伸长的主要特征是( )。
(A)原生质增加　　　　　　　(B)细胞的体积增加和液泡化
(C)大量吸收矿质元素　　　　(D)有机物增加

6. 植物器官受到环境因素单方向刺激所产生的定向运动称为( )。
(A)运动反应　　　(B)向性运动　　　(C)生物钟　　　(D)感性运动

7. 外界因素均匀地作用于整株植物或某些器官所引起的运动称为( )。
(A)光周期运动　　(B)近似昼夜节奏　　(C)向性运动　　(D)感性运动

8. 通过组织培养方法证实了( )。
(A)植物细胞能进行有丝分裂　　　　(B)植物能吸收和运输营养物质
(C)植物激素能调控植物生长发育　　(D)植物细胞全能性

9. 种子萌发必须有适宜的外界环境,最主要的外界环境条件包括( )。
(A)光照、适宜的温度和充足的水分　　(B)充足的水分和氧气、适宜的温度
(C)光照、适宜的温度和氧气　　　　　(D)光照、充足的水分和氧气

10. 防止植物出现黄化现象首先应注意( )。
(A)多施氮肥　　(B)多施微量元素　　(C)通风透光　　(D)及时排水灌溉

11. 已倒伏的植物器官负向地性的产生是由于( )分布不均匀所致。
(A)赤霉素类　　(B)生长素类　　(C)细胞分裂素类　　(D)生长抑制物

12. 植物离体部分具有恢复植株其余部分的能力,称为( )。
(A)极性　　　　(B)生长相关性　　(C)再生作用　　(D)细胞分化

13. 在茎的整个生长过程中,生长速率都表现出下列哪种生长规律?(　　　　)

(A)慢—慢—快　　　(B)慢—快—慢　　　(C)快—慢—快　　　(D)快—快—慢

14. 协调最适温是指(　　　　)的温度。

(A)生长最快又健壮　　　　　　　　　(B)生长最快,但不太健壮

(C)生长次快,但很健壮　　　　　　　　(D)生长很慢,但很健壮

15. 果树枝叶繁茂,但开花结实很少,这是由于(　　　　)不协调的结果。

(A)营养生长与生殖生长　　　　　　　　(B)地上部和地下部生长

(C)主茎和侧芽生长　　　　　　　　　　(D)花和叶生长

16. 禾谷类种子萌发过程中贮藏物质常转化为(　　　　)运往胚根胚芽。

(A)蔗糖和氨基酸　　　　　　　　　　　(B)有机酸和氨基酸

(C)氨基酸和葡萄糖　　　　　　　　　　(D)葡萄糖和有机酸

17. 下列方法中,(　　　　)组合能打破桃李等植物种子休眠。

(A)机械摩擦和温水浸种处理　　　　　　(B)机械摩擦和加 H_2O_2 处理

(C)低温层积和加 GA 处理　　　　　　　(D)曝晒加 GA 处理

18. 促使温带树木秋季落叶的信号是(　　　　)。

(A)气温下降　　　(B)光强减弱　　　(C)日照变短　　　(D)秋季干燥

19. 向日葵的向性运动属于(　　　　)。

(A)趋光性　　　(B)感光性　　　(C)向光性　　　(D)向日性

20. 光对植物生长的直接作用表现为(　　　　)。

(A)促进伸长生长、促进细胞分化　　　　(B)抑制细胞的分裂和分化

(C)抑制伸长生长、促进细胞分化　　　　(D)促进细胞分裂、抑制细胞的分化

21. 促进莴苣种子萌发的光是(　　　　)。

(A)蓝紫色　　　(B)红光　　　(C)远红光　　　(D)黄光

22. 光敏色素吸收的光质主要是(　　　　)。

(A)红光和远红光　　　　　　　　　　　(B)蓝紫光和远红光

(C)蓝紫光和红光　　　　　　　　　　　(D)绿光和远红光

23. 活跃形式的光敏色素可以吸收(　　　　)。

(A)红光,以 Pfr 表示　　　　　　　　　(B)红光,以 Pr 表示

(C)远红光,以 Pr 表示　　　　　　　　(D)远红光,以 Pfr 表示

24. 光敏色素有两个组成部分,它们是(　　　　)。

(A)酚和蛋白质　　　　　　　　　　　　(B)生色团和蛋白质

(C)吲哚和蛋白质　　　　　　　　　　　(D)吡咯环与蛋白质

四、判断题

1. 植物生长的最适温度是植物健壮生长的温度。(　　　　)

2. 已分化的植物组织和细胞在适宜的组织培养条件下经过再度分化,再经过脱分化,形成愈伤组织的过程为再分化。(　　　　)

3. 组织培养的理论根据是植物的再生作用。(　　　　)

4. 在组织培养过程中,IAA 促进根的分化,CTK 促进芽的分化。(　　　　)

5. 黄化幼苗生长细弱,是因为缺少光合作用合成的营养物质。(　　　　)

6. 光形态建成是一种高能反应,它与植物体内的光敏色素有关。(   )

7. 对黄化幼苗转绿最有效的光是蓝紫光,而红光无效。(   )

8. 需光种子萌发时,除满足水、气、温度三个条件外,尚需有较高的 Pfr 水平。(   )

五、解释现象

1. 早稻浸种催芽应以温水淋种,及时翻动。

2. 日温较高、夜温较低能提高甜菜、马铃薯的产量。

3. 根深叶茂。

4. 果树生产上开花结实的大小年。

5. 高山植物比平地上的矮小。

6. 黑暗中萌发生长的马铃薯幼苗黄化。

7. 韭黄、葱白鲜嫩,富有汁液。

六、问答题

1. 简述种子萌发的过程及其代谢变化。

2. 试述植物地上部分和地下部分的相关性。如何调节植物的根冠比?

3. 分析营养生长与生殖生长的关系。如何协调二者的关系,达到生产栽培目的?

4. 论述环境因素对植物生长的影响。

5. 讨论产生顶端优势可能的原因。试述植物的顶端优势现象在生产上的应用。

6. 试以一种作物为例,讨论水分在其一生中的作用。

7. 试述光敏色素作用于光形态建成的机理。

8. 试述光对植物生长的影响。

9. 光形态建成与植物光合作用有何不同?

10. 如何用实验证明植物的某一生理过程与光敏色素有关?

11. 何谓蓝光反应?如何区别蓝光反应与其他光反应?

【自测题参考答案】

一、名词解释

1. 发育(development):在生命周期中,植物的组织、器官或整体在形态结构和功能上的有序变化过程称为发育。

2. 生长(growth):是指植物体积或重量不可逆增加的过程,是由细胞分裂、伸长以及原生质体、细胞壁的增长引起的,是量变过程。

3. 分化(differentiation):是指分生组织细胞转变为形态结构和功能上各不相同的细胞群的过程,是质变。

4. 生命周期(life cycle):任何一种生物体,总是要有序地经历发生、发育和死亡等时期,人们把一生物体从发生到死亡所经历的过程称为生命周期。

5. 形态建成(morphogenesis):习惯上把生命周期中呈现的个体及其器官的形态结构的形成过程称为形态建成。

6. 极性(polarity):是指植物体或植物体的一部分(如器官、组织和细胞)在形态学的两端具有不同形态结构和生理生化特性的现象。

7. 外植体(explant):用于离体培养进行无性繁殖的各种植物细胞、组织或器官。

8. 植物组织培养(plant tissue culture):是指在无菌条件下将外植体接种到人工配制的培养基上培育成植株的技术。

9. 愈伤组织(callus):指在人工培养基上由外植体长出的一团无序生长的薄壁细胞。

10. 脱分化(dedifferentiation):指已经分化的植物器官、组织或细胞在离体培养时,又恢复细胞分裂能力并形成与原有状态不同的细胞的过程。

11. 再分化(redifferentiation):指脱分化形成的愈伤组织细胞在适宜的条件下又分化为胚状体,或直接分化出根和芽等器官形成完整植株的过程。

12. 胚状体(embryoid):在特定条件下,由植物体细胞分化形成的类似于合子胚的结构。胚状体又称体细胞胚,由于具有根、茎两个极性结构,因此可一次性再生出完整植株。

13. 种子生活力(seed viability):又称发芽力或发芽率,指种子能够萌发的潜在能力或种胚具有的生命力。种子生活力高,则发芽率高,生活力低,则发芽率低。

14. 生长曲线(growth curve):用于反映植株在生长周期中的生长变化趋势的曲线。

15. 生长大周期(grand period of growth):指植物整体、器官或组织的生长速率表现出"慢—快—慢"的基本规律,即开始生长缓慢,随后逐渐加快,然后又减慢以至停止的过程。

16. 温周期现象(thermoperiodicity):是指植物的生长随温度的昼夜周期性变化发生有规律的变化。

17. 生长相关性(growth correlation):植物各个器官间在生长上表现出的相互促进和相互制约的现象称为生长相关性。

18. 顶端优势(apical dominance):指植物的顶端生长占优势而抑制侧枝或侧根生长的现象。

19. 协调最适温度(grow coordinate temperature):是指植株生长最健壮的温度,通常低于生长最适温度。

20. 根冠比(root cap ratio,R/T):指植物地下部分与地上部分干重或鲜重的比值。

21. 人工种子(artificial seed):将植物组织培养产生的胚状体、芽体及小鳞茎等包裹在含有养分的胶囊内,这种具有种子的功能,并可直接播种于大田的颗粒称为人工种子,又称人造种子或超级种子。

22. 向性运动(tropic movement):是指植物器官受到环境因素的单方向刺激所产生的定向运动。

23. 感性运动(nastic movement):是指外界因素均匀地作用于整株植物或某些器官所引起的运动。

24. 生物钟(biological clock):是指植物内生节奏调节的近似 24 h 的周期性变化节律。

25. 植物的光形态建成(plant photomorphogenesis):依赖光控制细胞的分化、结构和功能的改变,最终汇集成组织和器官的建成,称为植物的光形态建成,或称光控发育作用。

26. 黄化现象(etiolation):是指暗中生长的植物表现出各种黄化特征的现象,又称为暗形态建成。

27. 光稳定平衡(photostationary equilibrium):植物活体中,一定波长下具有生理活性的 Pfr 浓度和光敏色素的总浓度的比例称为光稳定平衡(Φ),即 $\Phi = C_{Pfr}/C_{Ptot}$。在自然条件下,Φ 值达到 0.01 就可以引起光敏色素反应。

28. 棚田效应(Tanada effect)：是指红光可诱导离体绿豆根尖的膜产生少量正电荷,因此可使之黏附在带负电荷的玻璃表面的现象,远红光照射可逆转该过程。

29. 蓝光效应(blue light effect)：由于隐花色素作用光谱的最高峰处在蓝光区,所以常把隐花色素引起的反应称为蓝光效应。

30. 低辐照度反应(low fluence response,LFR)　LFR 也称为诱导反应,$1\ \mu mol \cdot m^{-2}$ 的光强即可启动这类反应,$1\ 000\ \mu mol \cdot m^{-2}$ 时到达饱和,是典型的红光-远红光可逆反应。反应可被一个短暂的红闪光诱导,并可被随后的远红光照射所逆转。

31. 极低辐照度反应(very low fluence response,VLFR)　VLFR 是一类可被 $10^{-4}\sim$ $10^{-2}\ \mu mol \cdot m^{-2}$ 的红光或远红光诱导,但红光反应不能被远红光逆转的光反应。

二、填空题

1. 细胞分裂,细胞伸长,细胞分化。

2. 新合成,已存在的酶由钝化状态变为活化状态。

3. 维持渗透平衡,提供碳源与能量。

4. 高等植物从种子萌发开始到死亡的整个过程。

5. 降低种子含水量,降低储存温度。

6. 氯化三苯基四氮唑法,红墨水染色法,BTB 法,纸上荧光法(四者任选三即可)。

7. 分生期,伸长期,分化(成熟)期。

8. 已经分化的植物器官、组织或细胞在离体培养时,又恢复细胞分裂能力并形成与原有状态不同细胞的过程;愈伤组织。

9. 顶端生长,侧芽生长。

10. 胚状体,芽原基,根原基。

11. 细胞全能性。

12. 地上部分与地下部分,营养生长与生殖生长,顶端生长与侧芽生长。

13. 棉花打顶和整枝、瓜类摘蔓,绿篱修剪形成密集灌丛,盆景、塔形造型,树林适当密植使主茎强壮而挺直。

14. 向性,感性,向性,向光,向重力,向化,正,负。

15. 红光,远红光。

16. 妨碍了 IAA 与 IAA 受体结合,减少 IAA 诱导与生长有关的 mRNA 的转录和蛋白质的合成。

17. 蓝光和近紫外光,蓝光。

18. Pfr,Pr,Pfr。

19. 光敏色素。

20. 光。

21. 光敏,隐花,向光,紫外光-B,光强,光质。

22. $280\sim320$ nm。

三、单项选择题

1. A　2. D　3. D　4. D　5. B　6. B　7. D　8. D　9. B　10. C　11. B
12. C　13. B　14. C　15. A　16. A　17. C　18. C　19. D　20. C　21. B
22. A　23. D　24. B

四、判断题

1. × 2. × 3. × 4. √ 5. × 6. × 7. × 8. √

五、解释现象

1. 早稻浸种催芽应以温水淋种,及时翻动。

答:(1)由于种子萌发时进行的是呼吸作用,分解有机物,以温水淋种可以提高温度,有利于呼吸,从而促进萌发。

(2)由于种子露白后呼吸旺盛,放热量多,及时翻堆降温,可以避免烧坏种子和芽。

2. 日温较高、夜温较低能提高甜菜、马铃薯的产量。

答:白天温度高、光照强有利于植物光合作用及同化物运输。夜间气温低,降低呼吸强度,减少养分消耗,有利于同化物积累;夜间气温低有利于根系的生长和合成 CTK ,从而促进植物的生长发育,延长营养体寿命,增加光合产物转化量,从而提高作物产量。

3. 根深叶茂。

答:指的是地上部分和地下部分的依赖关系。根系生长良好,为枝叶提供充足的水和矿质元素供给,则地上部分的枝叶也较茂盛;同样,地上部分生长良好,光合作用形成的同化物向下运输,促进根系生长。

4. 果树生产上开花结实的大小年。

答:果树生产上常有一年产量高、一年产量低的大小年现象。这是由营养生长与生殖生长不协调所引起的。当果树结实过多时,会消耗大量营养,削弱了当年枝叶的生长,使枝条中储存的养料不足,花芽形成受阻,花芽数减少,发育也不良,致使第二年花果减少,坐果率低,造成产量上的小年。由于小年结实少,树体营养状况得以恢复,相应积累较多,枝条生长良好,促使结果母枝数目增加,并有足够养分供给花芽形成,花芽多而饱满,使次年硕果累累,形成了大年。这样周而复始,使产量很不稳定。生产上常通过修剪及采用生长调节剂进行疏花疏果,调节营养生长和生殖生长的矛盾,使之得到统一,以确保年年丰产。

5. 高山植物比平地上的矮小。

答:(1)高山上水分较少,土壤也较贫瘠,肥力较低,且风力较大,这些因素都不利于树木纵向生长;(2)高山顶上因云雾较少,空气中灰尘较少,所以光照较强,紫外光也较多,强光特别是紫外光抑制植物生长。因而高山上的树木生长缓慢,比平地生长的矮小。

6. 黑暗中萌发生长的马铃薯幼苗黄化。

答:黑暗中生长的马铃薯幼苗表现出明显的黄化现象:茎细长而柔软,节间长而机械组织不发达,茎顶不能直立呈钩状弯曲,叶细小而不开展,缺少叶绿素而呈黄白色,根系发育不良等。这主要是由于缺乏光照引起的。它们只需要在极微弱的光照下曝光 5～10 min,就足以使黄化现象消失,植株形态趋于正常。消除在黑暗中植物生长的异常现象,是一种低能量的光反应,它与光合作用有本质的差异,因而被称为光的形态建成或光的范型作用。此作用是由光敏色素系统所控制的反应,在不同波长的光质中以红光最有效,而红光的这种效应又可为随后的远红光照射所消除。黑暗中萌发生长的马铃薯不能接收红光,无法通过光敏色素进行光的形态建成,因此会出现黄化现象。

7. 韭黄、葱白鲜嫩,富有汁液。

答:韭黄、葱白是在暗处生长的,发生黄化现象,因而茎细长而脆弱、节间很长;组织分化程度很低,特化的机械组织较少,水分多而干物质少,柔软。

六、问答题

1. 简述种子萌发的过程及其代谢变化。

答:种子萌发是指在适宜的环境下,种子内的胚胎恢复生长,并形成植物幼苗的过程。种子萌发的第一阶段是吸胀。干燥的种子必须吸收足够的水分才能恢复细胞的各种代谢功能。种子吸胀的主要动力是种子内的细胞壁物质、蛋白质及亲水性物质对水的吸附作用。种子吸水导致内含物体积膨胀、形成吸胀压,撑破种皮,解除胚的生长压力,恢复胚的生长。种子吸胀后引起种子代谢活力、呼吸作用增强。此外,种子萌发过程中伴随水解酶类的合成与分泌,降解种子内贮存的营养物质,为幼苗生长提供物质和能量。

2. 试述植物地上部分和地下部分的相关性。如何调节植物的根冠比?

答:(1)地上部分和地下部分的相关性 植物的地上部分和地下部分有维管束的联络,存在着营养物质与信息物质的大量交换,因而具有相关性。①物质交换。根部的活动和生长有赖于地上部分所提供的光合产物、生长素、维生素等,而地上部分的生长和活动则需要根系提供水分、矿质、氮素以及根中合成的植物激素、氨基酸等。②信息交换。根冠间进行着信息交流。如在水分亏缺时,根系快速合成并通过木质部蒸腾流将 ABA 运输到地上部分,调节地上部分的生理活动,如缩小气孔开度,抑制叶的分化与扩展,以减少蒸腾来增强对干旱的适应性。叶片的水分状况信号,如细胞膨压,以及叶片中合成的化学信号物质也可传递到根部,影响根的生长与生理功能。③相关性。一般地说,根系生长良好,其地上部分的枝叶也较茂盛;同样,地上部分生长良好,也会促进根系的生长。

(2)根冠比调节 ①降低地下水位,增施磷钾肥、减少氮肥,中耕松土,使用三碘苯甲酸、整形素、矮壮素、缩节胺等生长抑制剂或生长延缓剂等措施可提高植物的根冠比。②增施氮肥,提高地下水位,使用 GA、油菜素内酯等生长促进剂等措施可降低根冠比。③修剪与整枝等技术也可用于调节根冠比。

3. 分析营养生长与生殖生长的关系。如何协调二者的关系,达到生产栽培目的?

答:(1)营养生长与生殖生长的关系主要表现为:①依赖关系。生殖生长需要以营养生长为基础,花芽必须在一定的营养生长的基础上才分化。生殖器官生长所需的养料,大部分是由营养器官供应的,营养器官生长不好,生殖器官自然也不会好。②对立关系。如营养生长与生殖生长之间不协调,则造成对立,表现在:营养器官生长过旺,会影响到生殖器官的形成和发育;生殖生长的进行会抑制营养生长。

(2)在协调营养生长和生殖生长的关系方面,生产上积累了很多经验。例如,加强肥水管理,防止营养器官的早衰,或者控制水分和氮肥的供给,不使营养器官生长过旺;在果树生产中,适当疏花、疏果使营养上收支平衡,并有积余,以便年年丰产,消除"大小年"。对于以营养器官为收获物的植物,如茶树、桑树、麻类及叶菜类,则可通过供应充足的水分,增施氮肥,摘除花芽,解除春化等措施来促进营养器官的生长,而抑制生殖器官的生长。

4. 论述环境因素对植物生长的影响。

答:(1)光照 光照强度影响植物的光合作用,光是叶绿素形成的条件,是光合作用的能源。光合作用合成和积累有机化合物,光合作用产物是生长的物质基础,是高能反应;光控制植物的形态建成,如茎的高矮,分枝的多少、长度,是低能反应;光照时数影响植物生长与休眠,影响植物成花、衰老、脱落;光对种子萌发有影响。

（2）温度　植物种子的发芽、生长发育和开花结果,都有最适温度、最高温度与最低温度,超过这个界限,它的生长发育、开花结果和其他一切生命活动都会受到影响。一般说来,随着温度的升高生长发育加快,但当温度超过所要求的最高或最低温度的限度时,生长就会停止,或者死亡。只有在协调最适温度条件下,植物才能迅速而健壮地生长发育、开花结果。

（3）水分　水分是决定植物生存、影响分布与生长发育的重要条件之一。不同植物对水分的需要与适应性不同。水分适宜,植物生长旺盛;水分过多过少,植物营养生长与生殖生长都受影响,根冠比有不同变化。

（4）空气　包括氧气和二氧化碳。氧气是呼吸作用必不可少的,如果土壤中的空气不足,会抑制根的伸长以致影响全株的生长发育。因此,在栽培上经常要耕松土壤避免土壤板结,在黏质土地上,有的需多施有机质或换土以改善土壤物理性质;在盆栽中经常要配合更换具有优良理化性质的培养土。二氧化碳是植物光合作用必需的原料。研究表明,在光强为全光照1/5的实验室内,将CO_2浓度提高3倍时,光合作用强度也提高3倍,但是如果CO_2浓度不变而仅将光强提高3倍时,则光合作用仅提高1倍。因此,在现代栽培技术中有对温室植物施用CO_2气体的措施。研究发现,CO_2浓度的提高,除有增强光合作用的效果外,尚有促进某些雌雄异花植物的雌花分化的效果,因此可以用于提高植物的果实产量。

此外,土壤的养分供应即矿质营养情况、植物激素与生长调节剂应用、环境机械刺激以及土壤阻力对生长都有影响。

5. 讨论产生顶端优势可能的原因。试述植物的顶端优势现象在生产上的应用。

答:（1）顶端优势产生的原因　可以用多种假说来解释,但一般都认为顶端优势与营养物质的供应和内源激素的调控有关。

营养假说认为顶芽是一个营养库,它在胚中就形成了,发育早,输导组织也较发达,能优先获得营养而生长,侧芽则由于养分缺乏而被抑制。

激素抑制假说认为顶端优势是由于生长素对侧芽的抑制作用而产生的。植物顶端形成的生长素,通过极性运输,下运到侧芽,侧芽对生长素比顶芽敏感而使生长受抑制。

营养转移假说认为生长素既能调节生长,又能控制代谢物的定向转运,植物顶端是生长素的合成部位,高浓度的IAA使其保持为生长活动中心和物质交换中心,将营养物质调运至茎端,因而不利侧芽的生长。

细胞分裂素假说认为细胞分裂素能促进侧芽萌发,解除顶端优势。已知生长素可影响植物体内细胞分裂素的含量与分布。顶芽中含有高浓度的生长素,一方面可促使由根部合成的细胞分裂素更多地运向顶端;另一方面,影响侧芽中细胞分裂素的代谢或转变。

原发优势假说认为器官发育的先后顺序可以决定各器官间的优势顺序,即先发育器官的生长可以抑制后发育器官的生长。顶端合成并且向外运出的生长素可以抑制侧芽中生长素的运出,从而抑制侧芽生长。

多种假说有一点是共同的,即都认为顶端是信号源。信号就是由顶端产生并极性向下运输的生长素。它直接或间接地调节着其他激素、营养物质的合成、运输与分配,从而促进顶端生长而抑制侧芽的生长。

（2）顶端优势的应用　①利用和保持顶端优势。如,麻类、向日葵、烟草、玉米、高粱等作物以及用材树木,需控制侧枝生长,促使主茎强壮、挺直。②消除顶端优势,以促进分枝生长。如,棉花打顶和整枝、瓜类摘蔓、果树修剪等可调节营养生长,合理分配养分;花卉打顶去蕾,可控制花的数量和大小;茶树栽培中弯下主枝可长出更多侧枝,从而增加茶叶产量;绿篱修剪可促进侧芽生长,形成密集灌丛状;苗木移栽时的伤根或断根,可促进侧根生长;三碘苯甲酸可抑制大豆顶端优势,促进腋芽成花,提高结荚率;BA 对多种果树有消除顶端优势、促进侧芽萌发的效果。

6. 试以一种作物为例,讨论水分在其一生中的作用。

答:水是生命之源,在植物一生中水的作用是多方面的。它在控制种子萌发、植物生长及形态建成、授粉受精及开花结实以及休眠等方面都有突出的作用。

(1)水分在种子萌发中的作用　吸水是种子萌发的首要条件。解除休眠的种子只有在吸收一定量的水分后才能萌发。如小麦吸足它重量 50% 以上的水分才可萌发。在种子萌发的过程中,水分能润湿软化种皮,使原生质从凝胶状态转变为溶胶状态,植物激素由束缚型转变为游离型,使酶活性提高,物质代谢加快,胚乳或子叶中贮藏的大分子有机物迅速分解转化,运至胚中供胚生长。

(2)水分在植物生长及形态建成中的作用　植物细胞扩张生长依赖于细胞吸水后产生的膨压;如果水分不足,细胞的扩张受阻,植物生长及形态建成就受抑。如小麦,在拔节和抽穗期间,主要靠各节间细胞的扩张生长来增加植株高度,如果严重缺水,不仅植株生长矮小,而且有可能抽不出穗子,导致严重减产。另外,水分参与光合作用,光合作用产物是建造细胞壁和原生质的材料。缺水光合作用降低,有机物趋向分解,无效呼吸增加,这些都不利于植物生长。

(3)水分在授粉受精及开花结实中的作用　水分对花的形成过程是十分必要的,雌雄蕊分化期和花粉母细胞、胚囊细胞减数分裂期,对水分特别敏感。水分缺乏易引起幼穗分化延迟、颖花退化和雌雄蕊败育,如在小麦上则引起花粉畸形,胚囊发育不完全而形成不孕小花,空粒增加。因此只有在水分供应适宜时植物才能进行正常的生殖生长,完成开花结实过程。

(4)水分在植物休眠中的作用　休眠是植物经过长期进化而获得的一种对环境条件及季节性变化的生物学适应性反应。小麦成熟过程中,含水量逐渐减少,束缚水/自由水增加,原生质状态由溶胶变为凝胶,使种子处于强迫休眠之中。如果小麦成熟期间遇雨,持续时间稍长,便会造成"穗发芽"。因而风干种子安全贮藏必须在安全含水量以下。

7. 试述光敏色素作用于光形态建成的机理。

答:(1)膜假说(快反应)　光敏色素的生理活化型直接与膜发生物理作用:通过改变膜的一种或多种特征而参与光形态建成。

(2)基因调节假说(慢反应)　光敏色素通过调节基因表达而参与光形态建成,即光信号通过传递放大激活转录因子,活化或抑制某些特定基因,转录出单股 mRNA,从而调控特殊蛋白质(酶)的合成,作用于形态建成。

8. 试述光对植物生长的影响。

答:光对植物生长的影响,主要表现在下列几方面:(1)光是光合作用的能源和启动者,为植物的生长提供有机营养和能源。

(2)光对植物表现出形态建成作用。叶的伸展扩大,茎的高矮、分枝多少、长度,根冠比等都与光照的强弱和光质有关。

(3)光照与植物的花诱导有关。长日植物只有在长日照条件下才能成花,短日植物则是在短日照条件下成花。

(4)日照时数影响植物生长和休眠。绝大多数多年生植物都是长日照条件促进生长,短日照条件诱导休眠,休眠芽即是在短日照条件下诱导形成的。

(5)光影响种子萌发。需光种子的萌发受光照的促进,而嫌光种子的萌发则受光的抑制。

此外,光对植物的生长还有许多影响。例如光照影响叶绿素的形成;光影响植物细胞的伸长生长;花的开放时间,一些豆科植物叶片的昼开夜合,气孔运动等都受光的调节。

9. 光形态建成与植物光合作用有何不同?

答:光形态建成是光对植物生长的直接影响,光以信号的方式影响植物的生长发育。光形态建成是低能反应,主要与光的有无及光的性质有关。植物体内光形态建成的光受体主要有光敏色素、隐花色素、向光素和 UV-B 受体。

光合作用是光对植物生长的间接影响,光以能量的方式影响植物的生长发育。植物的生长需要光合作用为其提供营养物质,是植物生长的基础。光合作用是高能反应,与光能的强弱有关。其光受体是光合色素。

10. 如何用实验证明植物的某一生理过程与光敏色素有关?

答:判断一个光调节的反应过程是否包含有光敏色素作为其中光受体的实验标准是:如果一个光反应可以被红闪光诱发,又可以被紧随红光之后的远红闪光所充分逆转,那么,这个反应的光受体就是光敏色素,即所进行的生理过程与光敏色素有关。实验设计:如莴苣种子萌发实验,短日植物苍耳暗期中断实验等。

11. 何谓蓝光反应?如何区别蓝光反应与其他光反应?

答:(1)藻类、真菌、蕨类和种子植物的许多反应受蓝光(400～500 nm)的控制,高等植物典型的蓝光反应是指在蓝光或近紫外光作用下植物发生的生理反应,包括向光反应,抑制茎伸长,促进花色素苷累积,促进气孔开放以及调节基因的表达。

(2)在400～500 nm 区域内蓝光反应的作用光谱特征呈"三指"状态,这是区别蓝光反应与其他光反应的标准。光敏色素可以吸收蓝光,使 Pr 和 Pfr 相互转变。虽然蓝光具有激活光敏色素的效应,但是光敏色素是否参与蓝光反应,可以应用红光/远红光能否逆转该反应来判断。

第7章 植物的生殖生理

【学习目的与要求】

通过本章学习,了解春化作用的条件、时间、部位和刺激传导及其生理生化变化;掌握植物开花的光周期现象和光周期诱导开花的假说;掌握春化和光周期理论在农业上的应用;了解植物花芽分化的分子机理和受精过程的生理生化机制。

【重点和难点】

重点

(1)春化作用的概念与机理;(2)光周期现象;(3)春化和光周期理论在生产实际中的应用;(4)成花启动和花器官形成生理。

难点

(1)春化作用及其生理基础;(2)光周期诱导的机理;(3)成花启动和花器官形成生理机理。

【学习要点】

花芽分化是植物生活周期中从营养生长向生殖生长转变的转折点,标志着幼年期的结束和成熟期的到来。植物的开花通常被分为三个顺序过程:成花诱导、成花启动、花器官发育。

7.1 幼年期与花熟状态

大多数植物在开花之前要达到一定年龄或一定的生理状态,才能在适宜的外界条件下开花。植物开花之前必须达到的生理状态称为花熟状态。植物从种子萌发到花熟状态之前的生长阶段称为幼年期。

7.2 春化作用

在植物生长的一定阶段,要求一定的低温才能诱导花器官形成的现象叫春化现象。低温诱导或促使植物花器官形成的作用叫春化作用。

根据植物对低温的要求,大致分为两种类型:相对低温型,即植物开花对低温的要求是相对的,低温处理可促进开花,不经低温处理时也能开花,但开花过程明显延迟;绝对低温型,即植物开花对低温的要求是绝对的,若不经低温处理,这类植物就不能开花。植物感受低温的部位是茎尖生长点。春化作用在未完成之前给予高温,可以解除春化作用;但一旦完成春化,高温就不再能解除春化。

7.3　光周期

植物对白天和黑夜相对长度的反应称为光周期现象。按照光周期反应,植物可分为下列几种类型:短日植物(SDP)、长日植物(LDP)、日中性植物(DNP)。暗期对植物的成花起决定作用,长日植物的成花要求暗期短于临界夜长,而短日植物的成花要求暗期长于临界夜长。暗期间断促进长日植物开花,抑制短日植物开花。植物接收光周期的部位是叶片,光敏色素和隐花色素参与植物的光周期反应。

7.4　成花启动和花器官形成生理

花芽分化分为感受、决定、表达三个阶段。花器官的形成受一组同源异型基因的控制,可用 ABCDE 模型解释这个过程。拟南芥的成花诱导可能存在光周期途径、自主途径、春化途径和赤霉素途径。上述四种途径都是通过促进关键的花分生组织决定基因 *AGL20* 的表达,再调节下游花分生组织决定基因 *LEAFY(LFY)* 的表达实现花器官形成的。

7.5　受精生理

花粉在柱头上吸水萌发,形成花粉管,并沿着花柱进入胚珠。在此生理反应中,Ca^{2+} 是引导花粉管定向生长的因素之一。花粉能否正常萌发和受精取决于花粉和柱头之间的亲和性。受精引起雌蕊的 IAA 含量剧增,物质合成加快,子房膨大形成果实。

【自测题】

一、名词解释

1. 花熟状态;2. 幼年期;3. 花诱导;4. 春化作用;5. 去春化作用;6. 再春化现象;7. 光周期现象;8. 短日植物;9. 长日植物;10. 临界日长;11. 临界暗期;12. 光周期诱导;13. 暗期间断现象;14. 群体效应;15. 同源异型;16. 同源异型基因;17. 成花逆转;18. 花粉生活力;19. 自交不亲和性。

二、填空题

1. 花熟状态是植物从_____转入_____的标志。植物开花通常被分为三个顺序过程:_____、_____和_____。其中花芽分化、花器官形成和性别分化主要是由_____决定的,适宜的环境是_____的外因。

2. 目前,人们在模式植物拟南芥中发现至少有五个与春化反应直接相关的基因:_____、_____、_____、_____、_____。

3. 研究证实,开花阻抑物基因_____与春化密切相关,可能是春化反应的关键基因,在_____,*FLC* 强烈表达,_____抑制其表达,低温处理之后,随着处理时间延长,*FLC* 表达逐渐减弱,直至被抑制,植物则进入生殖生长。

4. 低温诱导或促使植物开花的作用叫春化作用。根据植物对低温的要求,分为:

_____,主要是一年生冬性植物;_____,主要是二年生和多年生植物。

5. 植物的成花部位是_____,植物感受低温刺激的部位是_____,感受光周期刺激的部位是_____。

6. 利用环割、局部冷却或蒸汽热烫及麻醉剂处理叶柄或茎,可以阻止_____,抑制_____,说明开花刺激物的运输途径是_____。

7. 无论是抑制短日植物开花,还是促进长日植物开花,都是以_____光最有效,_____光效果很差,_____光几乎无效。

8. 花是_____。花的各部分(萼片、花瓣、雄蕊、心皮)都是由叶原基发育而来的_____。研究表明,决定拟南芥花器官形成的同源异型基因有5种:_____、_____、_____、_____、_____。

9. 一般来说,_____促进SDP多开雌花,长日植物多开雄花;_____则促使LDP多开雌花,短日植物多开雄花。

10. 土壤中_____和_____多时促进雌花的分化,而_____和_____少时则促进雄花分化。温度,特别是_____影响植物性别分化。如较低的_____促进南瓜雌花的分化。

11. 植物激素对花的分化也有影响。_____和_____多时促进黄瓜雌花分化,_____促进雄花分化,_____有利于雌花的分化。生长抑制剂如_____抑制黄瓜雌花的分化;生长延缓剂如_____等抑制雄花的分化。

12. 可育性花粉内含物中_____含量较高,遇碘变蓝色;而未发育花粉遇碘不变蓝色。_____的缺乏可引起花粉退化。

13. 一般来说,环境_____、_____、_____和_____时,有利于降低花粉的代谢水平,保持其生活力。

14. 能促进花粉萌发和花粉管生长的矿质元素是_____和_____。在一定面积内,花粉的数量越多,萌发和生长得越好,称为_____。受精后,雌蕊的各部分_____含量增加很多。

15. 遗传学上自交不亲和性受_____所控制,_____在雌雄生殖组织中表达一个或多个S基因,这些S基因编码的蛋白质是_____的识别基础。当雌雄双方有相同的S基因就_____,双方S等位基因不同就_____。

16. 自交不亲和性分为_____(受花粉本身基因控制)和_____(受花粉亲本基因控制)。

17. 植物对日照长度发生反应的现象,称为_____。短日植物是在日长_____临界日长条件下开花或促进开花的植物;长日植物是在日长_____临界日长条件下开花或促进开花的植物。

18. 若将佳木斯的大豆移到北京栽种,开花会_____。若将广州的大豆移到北京栽种,开花会_____。

19. 二年生植物通过春化过程,对开花起诱导作用的主要是_____。芹菜、甜菜、菊花等植物感受春化的部位是_____。

20. 花粉和雌蕊组织之间的识别反应取决于花粉_____和柱头_____之间的相互关系。

21. 杂交亲和时,柱头乳突产生_____,便于花粉管的穿过。杂交不亲和时,柱头乳突产生_____,阻碍花粉管的穿过。

22. 用短线连接,表明下列植物所属光周期反应类型:

菠菜　　　　　　　　　　　　　菊花

棉花　　　　　长日植物　　　　油菜

天仙子　　　　短日植物　　　　番茄

苍耳　　　　　日中性植物　　　黄瓜

烟草　　　　　　　　　　　　　大豆

23. 光周期诱导中暗期比光期更重要的结论是通过_____ 和 _____实验得来的。

24. 光周期理论在引种上的应用:

植物类型	引种方向	开花期 (推迟或提早)	生育期 (延长或缩短)	生产上选用品种 (早熟或晚熟品种)
LDP	南→北			
SDP	南→北			

三、单项选择题

1. 在光暗交替中,长于临界暗期能开花的植物是(　　　)。

(A)长日植物　　　(B)短日植物　　　(C)相对长日植物　　　(D)相对短日植物

2. 光敏色素 Pfr/Pr 高时(　　　)。

(A)促进长日植物开花　　　　　　　(B)促进短日植物开花

(C)促进日中性植物开花　　　　　　(D)促进长短日植物开花

3. 光敏色素 Pfr/Pr 低时(　　　)。

(A)促进长日植物开花　　　　　　　(B)促进短日植物开花

(C)促进日中性植物开花　　　　　　(D)促进长短日植物开花

4. 需要低温和长日照的植物,在施用赤霉素后,可以不经春化和长日照条件抽薹开花,但其反应不同的是(　　　)。

(A)茎先伸长并形成营养枝,花芽以后出现

(B)花芽的形成和茎的伸长差不多同时出现

(C)由丛生状态直接形成花芽

(D)从营养枝上形成花芽

5. 短日植物在长夜中用红光间断则(　　　)。

(A)促进开花　　　(B)抑制开花　　　(C)延迟开花　　　(D)开花不受影响

6. 河北省冬小麦引种到广州后(　　　)。

(A)提前抽穗　　　(B)推迟抽穗　　　(C)不抽穗　　　(D)正常抽穗

7. 将短日植物苍耳叶片全部剪去,在短日条件下它会(　　　)。

(A)开花　　　　　(B)提前开花　　　(C)不开花　　　(D)推迟开花

8. 芹菜、甜菜等植物感受春化作用的部位是( )。

(A)茎尖分生组织 　　　　　　　　(B)根尖分生组织

(C)进行细胞分裂的叶片 　　　　　　(D)完成细胞分裂的老叶

9. 花粉中的氨基酸含量比植物其他组织中都高,而且有一种氨基酸的含量特别高,它与花粉育性有关,这种氨基酸是( )。

(A)赖氨酸 　　　　(B)亮氨酸 　　　　(C)脯氨酸 　　　　(D)丙氨酸

10. 花粉管的生长除受 B 的影响外,还可以刺激它的是( )。

(A)Mg 　　　　(B)Ca 　　　　(C)Fe 　　　　(D)Mn

11. 在花粉中不普遍存在的色素是( )。

(A)黄酮素 　　　　(B)类胡萝卜素 　　　　(C)藻胆素 　　　　(D)光敏色素

12. 将幼年期苹果的芽嫁接到成熟的矮化砧木上,可使苹果开花期( )。

(A)提早 　　　　(B)推迟 　　　　(C)不变 　　　　(D)不能确定

13. 成熟花粉粒又称为( )。

(A)雄配子体 　　　　(B)小孢子 　　　　(C)体胚 　　　　(D)精子

14. 需要春化的植物在经春化处理后( )。

(A)一定能开花 　　　　　　　　　　(B)只有在一定条件下才能开花

(C)在长日照条件下一定能开花 　　　(D)在短日照条件下一定能开花

15. 下列农作物中,属于短日植物的有( )。

(A)小麦 　　　　(B)大豆 　　　　(C)油菜 　　　　(D)甘蔗

16. 下列农作物中,具有春化现象的植物是( )。

(A)冬小麦 　　　　(B)玉米 　　　　(C)水稻 　　　　(D)大豆

17. 菊花通常都在秋天开花,若打算使菊花提前开花,应采用的措施为( )。

(A)增加灌溉 　　　　　　　　　　　(B)喷施 IAA

(C)提高栽培小区温度 　　　　　　　(D)通过覆盖缩短日照

18. 植物的光周期习性往往与其原产地有关,因此在由北往南和由南往北引种短日植物新品种时应注意( )。

(A)分别选用早熟和晚熟品种 　　　　(B)分别选用晚熟和早熟品种

(C)均选用晚熟品种 　　　　　　　　(D)均选用早熟品种

19. 用红光间断菊花的暗期,则会( )。

(A)促进开花 　　　　(B)抑制开花 　　　　(C)无影响 　　　　(D)随外界温度而定

四、判断题

1. 短日植物在长于某个日照长度的光周期下才能开花,此日照长度称为临界日长。( )

2. 植物开花和光敏色素 Pfr/Pr 有关。比值低,促进短日植物开花;比值高,促进长日植物开花。( )

3. 原产于高纬度(寒带和温带)地区的植物通过光周期需要长日照。( )

4. 以日照长度 12 h 为界限,可区分长日植物与短日植物。( )

5. 干种子中也有光敏色素活性。( )

6. 花粉生活力与外界条件有关,在低温、干旱和特别潮湿的情况下,花粉易丧失生活力。( )

7. 花粉中含有大量生长素、赤霉素和细胞分裂素,这些可能是花粉萌发和花粉管生长的促进剂。(　　)

8. 传粉受精后,雌蕊中生长素含量的增加是由花粉带进来的。(　　)

9. 将东北的大豆引至北京种植,其生育期推迟;将河南的玉米引种到甘肃河西,其生育期提早。(　　)

10. 进行甘薯杂交育种时,人为地缩短光照,使甘薯开花整齐,便于进行有性杂交,培育新品种。(　　)

五、解释现象

1. 黄麻、红麻提早播种或向北移栽,可以增加产量。

2. 南麻北种可以提高产量,但广东红麻移至安徽栽种,开花结实推迟,收不到种子。

3. 菊花可在一年之内任何时期人为使其开花。

4. 利用"闷麦法""七九小麦"等方法处理小麦种子,在春季补种冬小麦,当年有收成。

5. 春播冬小麦,将会只长苗而不开花结实。

六、问答题

1. 如果你发现一种尚未确定光周期特性的新物种,怎样确定它是短日植物、长日植物或日中性植物?

2. 什么是春化作用? 设计一简单的实验证明植物感受低温的部位是茎尖生长点。

3. 什么是光周期现象? 举例说明植物的主要光周期类型。

4. 为什么说暗期长度对短日植物成花比日照长度更为重要? 确切地说,短日植物开花取决于临界夜长而不是临界日长,如何证明?

5. 试述光敏色素与植物花诱导的关系。光受体如何参与光周期对植物的成花诱导过程?

6. 试述花发育时决定花器官特征的 ABC 模型(ABCDE 模型)的要点。

7. 举例说明春化作用和光周期理论在农业生产中的应用。

8. 影响植物花器官形成的条件有哪些? 影响植物性别分化的外界条件有哪些?

9. 影响花粉生活力的外界条件有哪些? 植物受精过程中雌蕊组织发生哪些生理变化?

10. 春化作用是一个复杂的代谢过程,在生理上有哪几个明显的特点?

11. 花粉管为什么能向着胚囊定向生长? 试述钙在花粉萌发与花粉管伸长中的主要作用。

12. 生产上,人们通过哪些方法促进幼年期植株提早开花?

13. 简述成花诱导多因子控制模型的主要内容。成花诱导存在哪四种途径?

14. 花粉败育常与其中缺少某些物质相关,请设计一简易实验方法检测败育的花粉。

【自测题参考答案】

一、名词解释

1. 花熟状态(ripeness to flower state):大多数植物在开花之前要达到一定年龄或一定生理状态,才能在适宜的外界条件下开花。植物开花之前必须达到的生理状态称为花熟状态。

2. 幼年期(juvenility):植物从种子萌发到花熟状态之前的生长阶段称为幼年期。

3．花诱导(floral induction)：指在合适的环境条件诱导下,植物体内发生成花所必需的一系列生理生化变化过程。花诱导的主要环境条件是低温和光周期。

4．春化作用(vernalization)：低温诱导或促使植物花器官形成的作用叫春化作用。

5．去春化作用(devernalization)：又称脱春化作用,在春化过程结束之前,如遇到较高温度或缺氧条件,低温诱导开花的效果会被减弱或消除,称为去春化作用。

6．再春化现象(revernalization)：大多数去春化的植物如再进行低温处理,可重新进行春化,且低温的效应可以累加,这种去春化的植物再度被低温恢复春化的现象,称再春化现象。

7．光周期现象(photoperiodism)：植物对白天和黑夜相对长度的反应称为光周期现象。

8．短日植物(short day plant,SDP)：日照长度短于临界日长才能开花的植物。

9．长日植物(long day plant,LDP)：日照长度长于临界日长才能开花的植物。

10．临界日长(critical day length)：指在昼夜周期中诱导短日植物开花所必需的最长日照长度或诱导长日植物开花所必需的最短日照长度。

11．临界暗期(critical dark period)：指在昼夜周期中长日植物能够开花的最长暗期长度,或短日植物能够开花的最短暗期长度。

12．光周期诱导(photoperiodic induction)：达到一定生理年龄的植株,只要经过一定时间适宜的光周期处理,以后即使处在不适宜的光周期条件下,仍然可以长期保持刺激的效果而诱导植物开花,这种现象称为光周期诱导。

13．暗期间断(night break)现象：在昼夜周期的长暗期中间,给予短时间的光照以间断暗期,则会发生短夜效应,即促进长日植物开花,抑制短日植物开花,这种现象叫暗期间断现象。

14．群体效应(population effect)：是指花粉萌发时,单位面积内花粉的数量越多,花粉的萌发和花粉管生长越好。

15．同源异型(homeosis)：指分生组织系列产物中一类成员转变为该系列中形态或性质不同的另一类成员。

16．同源异型基因(homeotic gene)：产生同源异型突变体的基因,编码一些决定花器官各部分发育的转录因子,这些基因在花发育中起着"开关"的作用。

17．成花逆转(floral reversion)：指植物从生殖生长状态逆转回营养生长状态的现象。

18．花粉生活力(pollen viability)：指花粉成熟离开花药后,保持生活力(受精能力)的时间。

19．自交不亲和性(self incompatibility,SI)：指植物花粉落在同花雌蕊的柱头上不能受精的现象。

二、填空题

1．营养生长,生殖生长,成花诱导,成花启动,花器官发育,基因,成花诱导。

2．*vrn1*,*vrn2*,*vrn3*,*vrn4*,*vrn5*。

3．*FLC(FLOWERING LOCUS C)*,非春化植株顶端分生组织,低温。

4．相对低温型,绝对低温型。

5．茎尖生长点,茎尖生长点,叶片。

6．韧皮部物质的运输,开花,韧皮部。

7．红,蓝,绿。

8. 不分枝的变态短枝,同源异型突变体,*Apetala1*(*AP1*),*Apetala2*(*AP2*),*Apetala3*(*AP3*),*Pistillata*(*PI*),*Agamous*(*AG*)。

9. 短日照,长日照。

10. 氮肥,水分,氮肥,水分,夜间温度,夜温。

11. IAA,ETH,GA,CTK,TIBA(三碘苯甲酸),CCC。

12. 淀粉,淀粉。

13. 相对干燥,低温,增加空气中 CO_2,减少 O_2。

14. 硼,Ca^{2+},集体效应,IAA。

15. S 基因座,S 基因座,自交不亲和或亲和,不亲和,亲和。

16. 配子体型不亲和,孢子体型不亲和。

17. 光周期现象,短于,长于。

18. 提早,推迟。

19. 低温,茎尖分生组织。

20. 外壁蛋白,糖蛋白。

21. 角质酶,胼胝质。

22. 长日植物:菠菜,天仙子,油菜。

　　短日植物:棉花,苍耳,菊花,大豆。

　　日中性植物:烟草,番茄,黄瓜。

23. 暗中断,改变光期。

24.

植物类型	引种方向	开花期(推迟或提早)	生育期(延长或缩短)	生产上选用品种(早熟或晚熟品种)
LDP	南→北	提早	缩短	晚熟品种
SDP	南→北	推迟	延长	早熟品种

三、单项选择题

1. B　2. A　3. B　4. A　5. B　6. C　7. C　8. A　9. C　10. B　11. D　12. A　13. A　14. B　15. B　16. A　17. D　18. B　19. B

四、判断题

1. ×　2. √　3. ×　4. ×　5. ×　6. ×　7. √　8. ×　9. ×　10. √

五、解释现象

1. 黄麻、红麻提早播种或向北移栽,可以增加产量。

答:对以收获营养体为主的短日植物黄麻、红麻等可提早播种或向北移栽,延长营养生长期,推迟开花,使麻秆生长较长,提高纤维的产量和品质。

2. 南麻北种可以提高产量,但广东红麻移至安徽栽种,开花结实推迟,收不到种子。

答:我国地处北半球,夏天越往北,越是日长夜短。由于短日条件来临较迟,会使短日植物红麻开花推迟,花期太晚,来不及结实就受到冻害,果实收获少。

3. 菊花可在一年之内任何时期人为使其开花。

答:利用人工控制光周期的办法,可控制植物开花。SDP 菊花在自然条件下秋季开花,用人工遮光缩短光照时间的办法,可使其在一年之内任何时期开花。

4. 利用"闷麦法""七九小麦"等方法处理小麦种子,在春季补种冬小麦,当年有收成。

答:对于冬性较强的植物如冬小麦等,需要经过一段时间的低温春化处理才可正常开花。在秋季异常干旱无法种植时需采用适当方法处理,如我国北方农民很早就应用了"闷麦法"和"七九小麦",使小麦处于萌动状态实现春化处理,就可在春季补种冬小麦,当年有收成。

5. 春播冬小麦,将会只长苗而不开花结实。

答:因为冬小麦必须经过低温春化,才能正常进行穗分化,开花结实。春季温度不够低,或者低温时间不够长,冬小麦不能完成低温春化,所以不能开花结实。

六、问答题

1. 如果你发现一种尚未确定光周期特性的新物种,怎样确定它是短日植物、长日植物或日中性植物?

答:将该物种长势一致的幼苗分为两组(A 组、B 组)。A 组置于每天 8 h 光照下培养,模拟短日照条件;B 组置于每天 16 h 光照下培养,模拟长日照条件。培养至其中一组开花结实结束实验,从而判断该植物的光周期特性,即 A、B 都开花为日中性植物,只有 A 开花,为短日植物,仅有 B 开花为长日植物。

2. 什么是春化作用?设计一简单的实验证明植物感受低温的部位是茎尖生长点。

答:春化作用指的是低温诱导或促使植物花器官形成的作用。将长势一致的植物分为两组,其中一组将靠近茎尖的叶片剪去,将茎尖置于低温中;另一组将叶片置于低温中,若只有前一组开花,说明感受低温春化的部位是茎尖。

3. 什么是光周期现象?举例说明植物的主要光周期类型。

答:植物对白天和黑夜相对长度的反应称为光周期现象。按光周期反应,植物可分为短日植物、长日植物、日中性植物。如菊花只有日照长度短于一定时数(临界日长)才能开花,属于短日植物,缩短光照时间或延长暗期可提早开花,延长光照推迟开花或不开花。油菜只有日照长度长于一定时数(临界日长)才能开花,属于长日植物,延长日照可促进开花,缩短光照时间或延长暗期则推迟开花或不能开花。番茄在任何日照长度条件下都可以开花,则属于日中性植物。

4. 为什么说暗期长度对短日植物成花比日照长度更为重要?确切地说,短日植物开花取决于临界夜长而不是临界日长,如何证明?

答:暗期超过一定的临界值时,引起短日植物的成花反应,所以短日植物实际上是长夜植物。如以临界日长为 13～14 h 的短日植物大豆为材料时,在非 24 h 试验中,将光期长度固定为 16 h 或 4 h,在 4～20 h 范围内改变暗期长度,观察不同暗期长度大豆开花率,发现光期无论是 16 h 或 4 h,暗期超过 10 h 大豆才能开花,暗期长开花率提高,暗期短于 10 h 不开花;说明暗期长短对短日植物开花更重要,短日植物实际上是长夜植物。

5. 试述光敏色素与植物花诱导的关系。光受体如何参与光周期对植物的成花诱导过程?

答:一般认为光敏色素控制植物的开花并不决定于 Pfr 或 Pr 的绝对量,而是与二者的比值 Pfr/Pr 有关。Pfr 到 Pr 的暗逆转犹如一个沙漏式计时器,植物以此来感受暗期长度。对于短日植物而言,其开花要求相对较低的 Pfr/Pr;而对于长日植物来说,其开花则需要相对较高的 Pfr/Pr。植物从光下转入黑暗以后,光敏色素 Pfr 型逐渐降解或暗逆转为 Pr 型,当 Pfr

达到一个临界水平时就启动成花过程,暗期间断后,Pr 迅速逆转为 Pfr,剩下的暗期不能满足 Pfr 降低到临界水平,因而成花过程受到阻碍。

6. 试述花发育时决定花器官特征的 ABC 模型(ABCDE 模型)的要点。

答:早期经典的 ABC 基因模型(ABC model)用于解释同源异型基因控制花形态发生的机理。即花 4 轮结构的形成是由 A、B、C 三组基因的共同作用完成的,每一轮花器官特征的决定依赖 A、B、C 三组基因中的一组或两组基因的正常表达,其中花萼、花瓣、雄蕊和雌蕊分别由 A、AB、BC 和 C 组基因决定。如果 A、B、C 组基因的任何一组或更多组发生突变,则花的形态发生异常,产生不同的花器官突变体。其理论认为第 1 轮只有 A 组有活性,形成萼片;第 2 轮 A、B 两组有活性,形成花瓣;第 3 轮 B 和 C 两组有活性,形成雄蕊;第 4 轮只有 C 组有活性,分化成心皮。此外,A 组活性抑制第 1、2 轮的 C 组活性,而 C 组活性则抑制第 3、4 轮的 A 组活性。缺乏 A 组活性使 C 组功能扩充到整个花分生组织;丧失 B 组活性会使第 2 轮形成萼片代替花瓣;第 3 轮形成心皮代替雄蕊;缺乏 C 组活性使 A 组功能扩充到顶端,再次改变器官特征。

后期相继发现 D 基因,该基因参与胚珠的发育,将 ABC 模型修正为 ABCD 模型。在此基础上又发现 E 基因和 A、B、C 基因一起参与萼片发育,E 功能基因的发现,又进一步扩展为 ABCDE 模型或 A-E 模型。

7. 举例说明春化作用和光周期理论在农业生产中的应用。

答:(1)春化作用　对萌动的种子进行人为的低温处理,使之完成春化作用的措施称为春化处理。经过春化处理的植物可提早开花。如我国北方农民很早就应用了"闷麦法""七九小麦",可在春季补种冬小麦,当年有收成。为了避免倒春寒对春小麦的低温伤害,可以对种子进行人工春化处理后,适当晚播,缩短生育期。

(2)光周期理论　主要用于指导引种、控制花期和加速良种繁育进程。

①引种:我国地域广大,不同纬度地区的温度、光周期有明显的差异,在不同地区之间相互引种时,应特别注意品种对低温、光周期的要求,否则会造成开花提早、推迟甚至不开花结实,而引起减产或颗粒无收的后果。对成花要求严格的作物品种,进行南北跨地区引种时,一定要根据其特性,分析引进地区的低温、日照条件是否满足其要求,最好先进行引种试验。

北方纬度高、温度低,南方纬度低、温度高,北方品种往南引种时,就有可能无法满足它对低温的要求,只进行营养生长而不开花结实。

我国地处北半球,夏天越往南,越是日短夜长;越往北,越是日长夜短。对于需要收获种子的短日植物,从北方往南引种时,应选择晚熟品种;而从南方往北引种时,则应选择早熟品种。对于长日植物而言,从北方往南引种时,开花延迟,生育期变长,宜选择早熟品种;而从南方往北引种时,生育期缩短,应选择晚熟品种。

对以收获营养体为主的短日植物黄麻、红麻等可提早播种或向北移栽,延长营养生长期,推迟开花,使麻秆生长较长,提高纤维的产量和品质。但种子不能及时成熟,可在留种地采用苗期短日处理方法,解决种子问题。

②控制花期:通过人工调节光周期,控制植物提前或推后开花,使花卉四季常开,满足市场需求。

③加速良种繁育进程:通过人工调节光周期,调节品种开花时期,解决育种工作中父母本的花期不遇现象,加速良种繁育进程,缩短育种年限。

8. 影响植物花器官形成的条件有哪些? 影响植物性别分化的外界条件有哪些?

答:(1)在植物经过成花决定和表达,完成成花的诱导之后,还需适合花器官形成的条件,才能完成成花的整个过程。影响花器官形成最主要的因素是体内有机物水平,其他外界因素多是通过影响这一因素进而影响花器官发育的。例如:①光照。一般来说,光照时间越长,光强度越大,有机物形成越多,越促进花器官发育。②温度。温度过高、过低都不适合花器官的发育。③水分。水分不足严重影响花的形成,甚至凋落。④施肥。N 肥过多,引起贪青徒长,由于营养生长过旺,养料消耗过度,花发育不良或花分化推迟,这和 C/N 有关。在 N 肥适中时,再施用 P、K、Mo、Mn、B 肥,有利于花的分化。⑤生长调节物质。CTK 促进花芽分化。IAA 和 ETH 有利于瓜类植物雌花的分化。

(2)影响植物性别分化的外界条件主要有:①土壤。水分和 N 肥充足,促进雌花发育,反之促进雄花发育。②日照长度。短日照促进短日植物多开雌花、长日植物多开雄花;长日照促进长日植物多开雌花、短日植物多开雄花。③生长调节物质。IAA 和 ETH 促进黄瓜雌花分化,GA 促进雄花分化,细胞分裂素促进雌花分化。

9. 影响花粉生活力的外界条件有哪些? 植物受精过程中雌蕊组织发生哪些生理变化?

答:(1)花粉较小,贮藏营养物质有限。影响花粉生活力的外界条件主要有:①温度;②湿度;③CO_2 和 O_2;④光照。花粉生活力下降的主要原因是呼吸作用加剧,而贮藏营养物质有限,呼吸导致养分消耗加剧、酶活性下降。一般环境相对干燥、低温、增加空气中 CO_2 和减少 O_2 时,有利于降低花粉的代谢水平,保持其生活力。

(2)授粉后,花粉与雌蕊间不断地进行信息与物质的交换,并对雌蕊的代谢产生激烈的影响。主要表现在:①呼吸速率的急剧变化;②IAA 含量显著增加;③吸收水分和无机盐的能力增强;④糖类和蛋白质代谢加快。

10. 春化作用是一个复杂的代谢过程,在生理上有哪几个明显的特点?

答:(1)植物对春化的感应部位和效应部位都在茎端,发生反应时间与发生效应时间间隔较大。

(2)春化过程是一个缓慢的量变过程,需要细胞旺盛的代谢活性。春化过程的代谢有严格的顺序性和多步骤性。

(3)春化效应可以被高温所解除即脱春化作用,也可以被低温恢复即再春化。

(4)春化作用产生的效应随有丝分裂一直保留在茎端生长点,而其他因素,如生长状态、光周期适合时促进开花,低温产生的效应会因减数分裂或其他有性生殖过程而消失,而不能遗传给子代。

11. 花粉管为什么能向着胚囊定向生长? 试述钙在花粉萌发与花粉管伸长中的主要作用。

答:花粉管通道中 Ca^{2+} 是一种向化性物质,起着信号作用。花粉管在生长过程中,顶端分泌 Ca^{2+};同时花粉管通道中存在 Ca^{2+} 浓度梯度,Ca^{2+} 的分布从柱头到胎座是递增的,尤其是珠孔的 Ca^{2+} 含量高,可作为引导花粉管定向生长的化学刺激物。CaM 也参与了花粉管生长的调控。

钙能促进花粉的萌发,如在花粉培养基中加入钙,花粉萌发率增加。钙结合于花粉管壁的果胶质中,增加管壁的强度,降低透性,促进花粉管伸长。钙是花粉管定向生长的信号物质,与花粉管的定向伸长有关。

12. 生产上,人们通过哪些方法促进幼年期植株提早开花?

答:幼年期是指植物的早期生长阶段。目前缩短植物幼年期的方法有:①长日照处理,如长日照处理可使桦树不开花期由 5～10 年缩短为 1 年。②嫁接,如将幼年期的苹果芽嫁接到成熟的砧木上,可提前开花。

13. 简述成花诱导多因子控制模型的主要内容。成花诱导存在哪四种途径?

答:成花诱导多因子控制模型的主要内容是:成花诱导是一个多种因子包括植物激素、糖类、光周期、低温等相互作用的复杂过程;植物叶片产生的可传导的信号决定了茎尖的发育方向。如在拟南芥中,多种调控因素之间通过 *CO*(生物钟控制基因)、*FLC*(开花阻抑物基因)、*FT*(开花位点基因)、*SOC1*(MADS 转录因子基因)等主效基因相互作用于花分生组织决定基因 *AGL20* 和 *LFY*,最终调节花同源异型基因 *AP* 和 *AG* 的表达,从而调控拟南芥的开花时间。这些主效基因中,*CO* 对光周期途径是特异的,*FLC* 对开花起抑制作用。

目前认为成花诱导存在 4 种途径,分别是:

(1)光周期途径(photoperiodic pathway)　光通过光强、光质、光周期影响植物生长发育。其中,光周期是影响开花时间的主要因素之一。目前已知的光受体有 3 种,即光敏色素、蓝光及 UV-A 受体(隐花色素和向光素)、UV-B 受体。光敏色素(phytochrome,Phy)受基因控制,其化学本质是色素与蛋白的复合物。拟南芥核基因组中包含有 4～5 个不同生理功能的光敏色素基因,分别称 *PhyA～E*。在调节开花过程中,*PhyA*、*PhyB* 有不同的生理功能,*PhyA* 在某些条件下促进成花,*PhyB* 通过抑制 *CONSANS*(*CO*)的表达而抑制成花。

(2)春化途径(vernalization pathway)　春化作用调控的具体机理目前还不明了,但是可以肯定,春化途径通过抑制 *FLOWERING LOCUS C*(*FLC*)的表达来促进开花,也有研究表明春化途径能够直接促进开花。在 *FLC* 抑制途径中,*VERNALIZAION*(*VRN*,春化相关基因)类基因和 *HIGH EXPRESSION OF OSMOTICALLY RESPONSIVE GENES 1*(*HOS1*)基因抑制 *FLC* 的表达,*FRIGIDA*(*FRI*)基因促进 *FLC* 的表达。所有这些基因效应都会间接作用于 *SUPPRESSOR OF OVEREXPRESSION OF CONSTANS*(*SOCI*)和 *FT*,最终达到促进或抑制开花的目的。

(3)自主途径(autonomous pathway)　外界环境因子对植物开花的诱导可使植物在较适宜的环境下开花,但如果缺少这种诱导,有些植物在营养生长达到一定阶段后也会开花。当植物的光周期等途径受阻后,自主途径通过感受植物体内部的发育状态,并与环境信号相互作用,在不同时期促进开花。

(4)赤霉素途径(gibberellin pathway)　赤霉素被受体接受后,通过自身的信号转导途径,促进花分生组织决定基因 *AGL20* 表达而促进拟南芥提前开花,以及在非诱导条件下开花。

上述 4 种途径中的核心集中于促进 *AGL20* 的表达。*AGL20* 是一个具有 MADS-box 的转录因子,整合了来自上述 4 种途径传来的信号,而调节下游花分生组织决定基因 *LEAFY*(*LFY*)的表达,*LEAFY*(*LFY*)的下游基因就是决定花器官形成的 ABC 基因。当 4 种成花途径的信号同时表达时,成花效应最强。

14. 花粉败育常与其中缺少某些物质相关,请设计一简易实验方法检测败育的花粉。

答:(1)TTC 法:取少许花粉放在载玻片上,加 1～2 滴 0.5% TTC 溶液,搅匀后盖上盖片,并用清水作对照,置 37℃ 恒温箱中,30 min 后镜检。凡被染为红色的花粉活力强,淡红次之,无色者为没有活力或败育花粉。每片取 3~4 个视野,统计未染色的花粉数,未被染色的花粉为败育花粉,以未染色率表示花粉败育率。

培养基萌发法:将 MS 培养基熔化后,用吸管蘸少许,均匀地涂在载玻片上;将花粉撒落在涂有培养基的载玻片上,然后将载玻片放置于垫有湿滤纸的培养皿中,置于 25℃ 左右的恒温箱中,24 h 后镜检。每片取 3~4 个视野,统计其未萌发数量,以未萌发率代表花粉败育率。

第8章　植物的成熟和衰老生理

【学习目的与要求】

通过本章学习,了解植物种子和果实的发育过程,理解种子和果实在成熟过程中的生理生化变化;了解植物休眠的概念、类型和意义,理解种子休眠的原因以及打破休眠的措施;了解植物衰老的概念、类型和意义,理解植物衰老过程中的生理生化变化,掌握衰老的生理机制;了解脱落的概念、类型和意义,掌握器官脱落的生理机制以及与植物激素的关系。

【重点和难点】

重点

(1)种子和果实成熟过程中的生理生化变化;(2)种子和延存器官休眠的原因以及打破休眠的措施;(3)植物衰老的类型与机理。

难点

(1)种子休眠的生理机制;(2)衰老的机理与调控;(3)器官脱落的生理机制。

【学习要点】

8.1　种子和果实的发育与成熟

植物开花受精后,子房发育形成果实,而子房中的胚珠则发育成种子。在种子的发育与成熟过程中,除了胚和胚乳细胞的增殖和生长以外,还有核酸的合成、酶活性的变化、激素的调节以及贮藏物质的合成和积累等过程。有机物主要向合成方向进行,可溶性的、低分子物质逐渐转化为不溶性的、高分子化合物(如淀粉、蛋白质、脂肪等)贮藏起来。种子的化学成分受光照、水分、温度和矿质营养等外界环境的影响。种子的发育促进果实的发育,这主要是由于种子内合成的激素能够吸引光合产物、水分、矿质向果实和种子中运输。

在果实的成熟过程中,会发生一系列的变化:呼吸跃变,与乙烯增多有关;淀粉转化为可溶性糖,果实变甜;有机酸含量下降,酸味减弱;单宁被氧化成无涩味的过氧化物或凝结成不溶性物质,涩味消失;产生酯、醇、醛和萜类等挥发性物质,具有特殊香味;果胶酶和原果胶酶活性增强,果肉细胞分离,果实软化;叶绿素含量下降,花色素类和类胡萝卜素等化合物含量增加,果实色泽变艳。

8.2 植物的休眠

休眠是生理或环境因素引起的植物生长暂时停止,是植物的一种重要适应现象。种子休眠的主要原因有种皮的限制、胚未完全发育、种子未完成后熟以及存在抑制萌发的物质。解除种子休眠的方法有机械破损、浸泡冲洗、层积处理、激素与化学药剂处理和晾晒等。延存器官休眠也需人工打破或延长。

8.3 植物的衰老

衰老是成熟细胞、组织、器官和整个植株自然地终止生命活动的一系列衰败过程,是植物体生命周期的最后阶段。植物衰老有整株衰老、地上部衰老、渐近衰老和落叶衰老四种类型。衰老主要受遗传基因控制,但也受环境条件的影响。植物衰老时,蛋白质及核酸降解,光合和呼吸速率下降,膜由液晶态转变为凝胶态,失去选择透性。植物衰老的机理有营养亏缺学说、DNA损伤学说、自由基损伤学说、植物激素调节学说、程序性细胞死亡理论等。

8.4 植物器官的脱落

器官脱落是植物器官自然离开母体的现象,是植物适应环境、保存自己和保证后代繁衍的一种生物学特性。脱落分为正常脱落、生理脱落和胁迫脱落三种类型。器官在脱落之前先形成离层。器官脱落受到多种因子的诱导。生长素和乙烯的含量和比值调控器官脱落,温度过高或过低、干旱、弱光、短日照等促进脱落。

【自测题】

一、名词解释

1. 顽拗性种子;2. 胚胎发育晚期丰富蛋白;3. 休眠;4. 强迫休眠;5. 生理休眠;6. 后熟作用;7. 层积处理;8. 衰老;9. 程序性细胞死亡;10. 活性氧;11. 脱落;12. 离层。

二、填空题

1. 种子成熟过程中,有机物朝着合成方向进行,形成不溶性、高分子化合物贮存起来,如_____、_____、_____等。

2. 种子内贮藏物的积累与栽培地区和生态条件有密切关系。我国北方的大豆_____含量高而_____含量低,我国南方的大豆_____含量低而_____含量高。北方小麦_____含量高于南方小麦。

3. 胚胎发育晚期丰富蛋白(LEA蛋白)的特点是具有很高的_____性和_____性,能被_____诱导合成。

4. 油料作物种子成熟过程中脂肪代谢的两个显著特点是:酸价_____,碘价_____。

5. 果实成熟时,变甜是因为_____,变香是因为_____,变艳是因为_____,变软是因为_____。

6. 许多肉质果实在成熟时其呼吸作用_____,这个现象称为_____,该现象与激素_____有密切关系。

7. 核果的生长曲线呈_____形。

8. 柑橘在成熟时果皮颜色由绿逐渐变黄是由于_____。

9. 温度较低而昼夜温差大时,有利于_____脂肪酸的形成。

10. 种子休眠的原因有_____、_____、_____和_____。

11. 促进种子完成后熟作用的措施有_____和_____。

12. 光照能显著影响植物的衰老过程:_____和_____延缓植物衰老,_____和_____能促进植物衰老。

13. 叶片衰老时,蛋白质含量下降的原因有两种可能:一是蛋白质_____加快;二是蛋白质_____下降。

14. 生长素梯度学说认为,器官脱落受离层的_____端和_____端的生长素浓度梯度控制,如果前者生长素含量_____后者,离层不形成;如果前者生长素含量_____后者,离层可形成。

15. 环境因素对脱落有很大影响,一般温度_____或_____时,都加速器官脱落;光照_____时,器官也容易脱落。

16. 一般来说,细胞分裂素可_____叶片衰老,而脱落酸可_____叶片衰老。

17. 叶片脱落的部位在_____,与脱落有密切关系的酶是_____和_____。

18. 能有效打破种子休眠的植物激素是_____,促进果实成熟的激素是_____。

19. 光延缓叶片衰老是通过循环式光合磷酸化提供_____,从而减缓_____和_____含量的降低幅度。

20. 植物衰老时的生理生化变化有_____、_____、_____、_____等几种表现。

三、单项选择题

1. 在油料种子成熟过程中,糖类总含量(　　　)。
(A)不断下降　　　　(B)不断升高　　　　(C)变化不大　　　　(D)先升后降

2. 与一般地区相比,干旱地区种子(　　　)。
(A)淀粉含量较低,蛋白质含量较高　　　　(B)淀粉含量较高,蛋白质含量较低
(C)淀粉与蛋白质含量都较低　　　　(D)淀粉与蛋白质含量都较高

3. 防止衰老的植物激素是(　　　)。
(A)生长素　　　　(B)赤霉素　　　　(C)细胞分裂素　　　　(D)乙烯

4. 种子发育后期耐脱水性逐渐增强,原因是种子中合成了(　　　)。
(A)Phytin　　　　(B)LEA　　　　(C)LOX　　　　(D)ABA

5. 树木的冬季休眠是由(　　　)引起的。
(A)低温　　　　(B)缺水　　　　(C)短日照　　　　(D)干燥

6. 诱导离层产生纤维素酶和果胶酶的激素是(　　　)。
(A)生长素　　　　(B)赤霉素　　　　(C)细胞分裂素　　　　(D)乙烯

7. 油料种子发育过程中,最先积累的贮藏物质是(　　　)。
(A)蛋白质　　　　(B)油脂　　　　(C)糖类化合物　　　　(D)脂肪酸

8. 果实成熟时,胞间层彼此分离使果肉变软,这是由于(　　)。

(A)淀粉变成糖　　　　　　　　　　　(B)单宁被氧化

(C)果胶被分解　　　　　　　　　　　(D)蛋白质转变成氨基酸

9. 由于外界环境条件的不适宜,进而引起的植物休眠称为(　　)。

(A)自发休眠　　　　(B)深休眠　　　　(C)强迫休眠　　　　(D)生理休眠

10. 植物衰老时,PPP途径在呼吸中所占比例(　　)。

(A)增加　　　　(B)减少　　　　(C)不变　　　　(D)先减少后增加

11. 叶片衰老时,植物体内发生一系列生理变化,其中蛋白质和RNA含量的变化是(　　)。

(A)均显著下降　　　　　　　　　　　(B)均显著上升

(C)变化不大　　　　　　　　　　　　(D)蛋白质含量下降,RNA含量上升

12. 大多数肉质果实的生长曲线是(　　)。

(A)双S形　　　　(B)不规则形　　　　(C)S形　　　　(D)J形

13. 施用下列哪种肥料,能有效促进糖类运输,增加籽粒或其他贮藏器官的淀粉含量?(　　)

(A)N肥　　　　(B)P肥　　　　(C)K肥　　　　(D)B肥

14. 下列不是植物器官衰老原因的是(　　)。

(A)营养亏缺　　　　(B)程序性细胞死亡　　　　(C)活性氧过多　　　　(D)光照

15. 在树木秋季落叶过程中起主要作用的激素是(　　)。

(A)脱落酸　　　　(B)乙烯　　　　(C)生长素　　　　(D)细胞分裂素

16. 下列因素不会引起植物种子休眠的是(　　)。

(A)胚未成熟　　　　(B)坚厚的种皮　　　　(C)温度太低　　　　(D)ABA浓度较高

17. 路灯下生长的树木往往易冻死的原因是(　　)。

(A)路灯光谱不利于植物正常休眠

(B)路灯下温差大

(C)路灯下光照时间延长,树木不能正常休眠

(D)路灯下植物水分代谢失常

18. 下列属于跃变型果实的是(　　)。

(A)柑橘　　　　(B)葡萄　　　　(C)番茄　　　　(D)草莓

19. 在不发生低温伤害的条件下,适度的低温对衰老的影响是(　　)。

(A)促进衰老　　　　(B)抑制衰老　　　　(C)没有影响　　　　(D)因物种而异

20. 下列因素中,能抑制或延缓脱落的是(　　)。

(A)弱光　　　　(B)高温　　　　(C)施N　　　　(D)高氧

21. 生长在沙漠的滨藜属植物种子休眠的主要原因是(　　)。

(A)种皮限制　　　　　　　　　　　　(B)种子未完成后熟

(C)胚未完全发育　　　　　　　　　　(D)抑制物质的存在

22. 下列关于叶片脱落与生长素关系的叙述,正确的是(　　)。

(A)离区近基端生长素含量高于远基端,则叶片不脱落

(B)离区近基端生长素含量低于远基端,则诱导离层形成

(C)把生长素施于离区的近基端一侧,则加速叶片脱落

(D)把生长素施于离区的近基端一侧,则抑制叶片脱落

23. 在果实呼吸跃变之前,果实内含量明显升高的植物激素是(　　　)。

(A)生长素　　　　(B)赤霉素　　　　(C)细胞分裂素　　　　(D)乙烯

24. 在离层细胞中与脱落密切相关的酶是(　　　)。

(A)脂肪酶和果胶酶　　　　　　　　　(B)果胶酶和纤维素酶

(C)淀粉酶和纤维素酶　　　　　　　　(D)淀粉酶和核酸酶

25. 油料种子成熟过程中碘价上升,表示(　　　)含量增加。

(A)反式脂肪酸　　(B)游离脂肪酸　　(C)不饱和脂肪酸　　(D)饱和脂肪酸

26. 中国小麦单产最高地区在青海,原因是该地区(　　　)。

(A)湿度低　　　　(B)昼夜温差大　　(C)气温高　　　　(D)生育期长

27. 欧洲白蜡、人参等种子休眠的最主要原因是(　　　)。

(A)硬实　　　　　(B)不透气　　　　(C)抑制物质的存在　　(D)胚未成熟

28. 一般认为在(　　　)条件下形成的小麦种子休眠程度低,易引起穗发芽。

(A)强光　　　　　(B)低温　　　　　(C)高温　　　　　(D)干燥

29. 多年生常绿木本植物叶片的衰老属于(　　　)。

(A)整体衰老　　　(B)地上部衰老　　(C)渐近衰老　　　(D)落叶衰老

30. 在植物衰老过程中也有某些蛋白质合成,这些蛋白质主要是(　　　)。

(A)识别蛋白　　　(B)水解酶　　　　(C)LEA　　　　　(D)核蛋白

四、判断题

1. 阴雨高湿通常加速种子的成熟。(　　　)

2. 未成熟的果实有酸味,是由于果肉中含有很多抗坏血酸。(　　　)

3. 衰老或成熟而引起的器官脱落是不正常脱落,这是植物对外界环境的适应特性。(　　　)

4. 红光能加速叶片衰老。(　　　)

5. 低温是引起树木休眠的原因。(　　　)

6. 果实成熟时会发生淀粉的水解。(　　　)

7. 苹果果实生长曲线呈双 S 形。(　　　)

8. 在淀粉种子成熟过程中,可溶性糖是在不断减少的。(　　　)

9. 生长素能抑制脱落。(　　　)

10. 对大多数植物来说,短日照是休眠诱导因子。(　　　)

五、解释现象

1. 北方大豆比南方大豆出油率高。

2. 果实向阳的一面着色鲜艳。

3. 吐鲁番的葡萄和哈密瓜特别甜。

4. 施用生长素可以诱导番茄形成无籽果实。

六、问答题

1. 种子发育可分为哪几个时期?各时期在生理上有哪些特点?

2. 深秋时树木的芽为什么会进入休眠状态?

3. 概述环境因子对脱落的影响。

4. 肉质果实成熟时有哪些生理生化变化?

5. 种子成熟时发生哪些生理生化变化?

6. 气象条件如何影响种子的化学成分？

7. 植物的衰老有何生物学意义？衰老时有哪些生理生化变化？

8. 试述植物衰老的自由基损伤学说的基本内容。

9. 简述影响植物衰老的环境因素。

10. 试述植物衰老的生理原因及调控机制。

11. 举例说明植物衰老方式。

12. 跃变型果实与非跃变型果实有何区别？

13. 试述乙烯与果实成熟的关系及其作用机理。

14. 种子休眠的原因有哪些？如何解除种子和延存器官的休眠？

15. 植物器官脱落与植物激素的关系如何？

16. 实践中如何调控器官的衰老与脱落？

17. 简述果实的生长模式及其形成原因。

18. 简述器官脱落的类型和生物学意义。

【自测题参考答案】

一、名词解释

1. 顽拗性种子（recalcitrant seed）：指成熟时有较高的含水量，贮藏中忌干燥和低温的种子，如椰子、龙眼种子等。

2. 胚胎发育晚期丰富蛋白（late embryogenesis abundant protein，LEA 蛋白）：植物胚胎发生后期种子中可被 ABA 或渗透胁迫诱导合成的蛋白质。它具有高亲水性和热稳定性的特征，在植物细胞中具有保护生物大分子，维持特定细胞结构，缓解干旱、高盐、寒冷等环境胁迫的作用。

3. 休眠（dormancy）：植物的整体或某一部分生长暂时停顿的现象。

4. 强迫休眠（imposed dormancy）：由于环境条件不适宜而引起的休眠。

5. 生理休眠（physiological dormancy）：因植物本身的原因而引起的休眠。

6. 后熟作用（after ripening）：是指种子采收后需经过一系列的生理生化变化达到真正的成熟，才能萌发的过程。

7. 层积处理（stratification）：经低温和高湿处理打破植物种子休眠，促进发芽的技术。

8. 衰老（senescence）：是成熟细胞、组织、器官或整个植株自然地终止生命活动的一系列衰败过程，是植物体生命周期的最后阶段。

9. 程序性细胞死亡（programmed cell death，PCD）：胚胎发育、细胞分化及许多病理过程中，细胞遵循其自身的"程序"，主动结束其生命的生理性死亡过程。

10. 活性氧（active oxygen）：化学性质极为活跃、氧化能力很强的含氧物质的总称。

11. 脱落（abscission）：植物器官自然离开母体的现象。

12. 离层（separation layer）：器官在脱落之前在柄（如叶柄、果柄等）的基部经横向分裂形成的几层细胞，其体积小，排列紧密，细胞壁薄，是器官发生脱落的部位。

二、填空题

1. 脂肪,蛋白质,淀粉。

2. 脂肪,蛋白质,脂肪,蛋白质,蛋白质。

3. 亲水,热稳定,ABA 或渗透胁迫。

4. 降低,升高。

5. 淀粉转化为可溶性糖,产生酯、醇、醛和萜类等挥发性物质,叶绿素分解的同时合成了花青素,细胞壁物质的降解。

6. 突然增高,然后又突然下降;呼吸跃变;乙烯。

7. 双 S。

8. 果皮中的叶绿素逐渐分解,而类胡萝卜素含量仍较多且稳定。

9. 不饱和。

10. 种皮限制,胚未完全发育,种子未完成后熟,抑制物的存在。

11. 常温干燥,层积处理。

12. 红光,蓝光,远红光,紫外光。

13. 降解,合成能力。

14. 远轴,近轴,高于,低于(近轴,远轴,低于,高于)。

15. 过高,过低,不足。

16. 延缓,加速。

17. 离层,纤维素酶,果胶酶。

18. GA,ETH。

19. ATP,叶绿素,蛋白质。

20. 蛋白质含量下降,核酸含量下降,光合速率下降,呼吸速率下降。

三、单项选择题

1. A　2. A　3. C　4. B　5. C　6. D　7. C　8. C　9. C　10. A　11. A
12. C　13. C　14. D　15. A　16. C　17. C　18. C　19. C　20. C　21. D
22. C　23. D　24. B　25. C　26. B　27. D　28. C　29. C　30. B

四、判断题

1. ×　2. ×　3. ×　4. ×　5. ×　6. √　7. ×　8. √　9. ×　10. √

五、解释现象

1. 北方大豆比南方大豆出油率高。

答:温度影响种子化学成分的含量,适当低温有利于油脂的积累。北方大豆成熟时,温度低,种子油脂含量高;而南方大豆成熟时,温度高,种子油脂含量低。所以北方大豆比南方大豆出油率高。

2. 果实向阳的一面着色鲜艳。

答:随着果实的成熟,果皮中的叶绿素逐渐分解。光照可促进花色素的合成,所以果实向阳的一面着色鲜艳。

3. 吐鲁番的葡萄和哈密瓜特别甜。

答:新疆吐鲁番日照充足、昼夜温差大、降雨量少。这种条件一方面有利于植物通过光合作用积累更多的有机物,另一方面果实成熟时,有利于果实中贮存的淀粉转化为可溶性糖,同时降低了有机酸含量,从而使果实变得更甜。

4. 施用生长素可以诱导番茄形成无籽果实。

答:果实是由子房发育而来的。在子房发育成果实的过程中,需要一定量的生长素。生长素是由胚珠发育形成的幼嫩种子提供的。大多数情况下,如果不受精,胚珠不发育,不能产生生长素,子房就不会膨大形成果实。但是施用生长素可诱导番茄子房在不经受精的情况下,仍然可以继续发育成没有种子的果实。

六、问答题

1. 种子发育可分为哪几个时期? 各时期在生理上有哪些特点?

答:多数种子的发育可分为胚胎发生期、种子形成期和成熟休止期三个时期。①胚胎发生期以细胞分裂为主,进行胚、胚乳或子叶的分化;②种子形成期以细胞扩大生长为主,呼吸代谢旺盛,进行淀粉、蛋白质、脂肪等贮藏物质的合成与积累,引起胚、胚乳或子叶的迅速生长,此期间种子已具备发芽能力;③成熟休止期贮藏物质的积累逐渐停止,种子含水量下降,呼吸速率逐渐降到最低水平,胚进入休眠期。

2. 深秋时树木的芽为什么会进入休眠状态?

答:临近深秋时,多年生植物的芽停止生长,这一现象从表面看是低温的作用,但实际上是由秋天的短日照诱发的。秋天的短日照作为进入休眠的信号,被叶片中的光敏色素感受后,便促进甲羟戊酸合成 ABA,并转移到生长点,抑制了生长素、细胞分裂素、赤霉素类激素生物合成,进而抑制芽的生长,使芽进入休眠状态。

3. 概述环境因子对脱落的影响。

答:(1)温度　高温促进脱落。田间条件下,高温引起土壤干旱而加速脱落。低温也导致脱落。

(2)氧气　提高 O_2 浓度,能促进乙烯的合成,增加脱落;低浓度的 O_2 将抑制呼吸作用,降低根系对水分及矿质的吸收,造成植物发育不良,导致脱落。

(3)水分　干旱促进器官脱落,但当植物根系受到水淹时,根系缺 O_2,也会出现叶、花、果的脱落现象。干旱、涝淹会影响内源激素水平,进而影响植物器官脱落。

(4)矿质元素　缺乏 N、Zn、B、Ca 等会引起器官脱落。

(5)光照　强光能抑制或延缓脱落,弱光则促进脱落。弱光下光合速率降低,同化物合成减少,营养亏缺,加速脱落。长日照延迟脱落,短日照促进脱落,可能与 GA、ABA 的合成有关。

4. 肉质果实成熟时有哪些生理生化变化?

答:(1)呼吸变化　幼果期,细胞分裂迅速,呼吸速率很高。跃变型果实随着果实体积的不断增大,呼吸速率逐渐降低,然后急剧升高,最后又下降。非跃变型果实在成熟期呼吸速率逐渐下降,不出现呼吸跃变高峰。

(2)有机物质转化　①糖含量增加。果实成熟后期,淀粉转变成可溶性糖,使果实变甜。②有机酸减少。未成熟的果实中积累了较多的有机酸,使果实呈现酸味。随着果实的成熟,有机酸含量逐渐下降,这是因为:有机酸的合成受到抑制;部分酸转变成糖;部分酸被用于呼吸消耗;部分酸与 K^+、Ca^{2+} 等阳离子结合生成盐。③涩味消失。有些果实未成熟时有涩味,这是由于细胞液中含有单宁等物质。随着果实的成熟,单宁可被过氧化物酶氧化成无涩味的过氧化物或凝结成不溶性的单宁盐,还有一部分可以水解转化成葡萄糖,因而涩味消失。④香味产生。主要是酯、醇、酸、醛和萜烯类等低分子化合物,使成熟果实发出特有的香气。⑤果实变软。这与果肉细胞壁物质的降解有关,如中层的不溶性原果胶水解为可溶性的果胶或果胶酸。⑥色泽变艳。随着果实的成熟,多数果色由绿色渐变为黄、橙、红、紫或褐色。与果实色泽有关的色素有叶绿素、类胡萝卜素、花色素和类黄酮素等。

5. 种子成熟时发生哪些生理生化变化?

答:(1)淀粉种子　可溶性糖含量逐渐降低,淀粉积累迅速增加。

(2)蛋白质种子　合成并积累蛋白质。种子蛋白的合成主要在成熟的子叶或胚乳中进行,合成途径有两条:一条是由茎叶流入种子中的氨基酸直接合成;另一条是氨基酸进入种子后,分解出氨,再与 α-酮酸结合,形成新的氨基酸,再合成蛋白质。

(3)油料种子　在油料种子成熟初期,碳水化合物转化形成大量的游离脂肪酸。随着种子的成熟,游离脂肪酸用于合成脂肪,使种子的酸价逐渐降低,同时饱和脂肪酸转化为不饱和脂肪酸,碘价逐渐升高。

6. 气象条件如何影响种子的化学成分?

答:(1)水分　植物必须在水分充足时才能将制造的光合产物运输到种子。干旱缺水时,籽粒中合成酶活性降低,而水解酶活性增强,妨碍贮藏物质的积累;由于水分向籽粒运输与分配减少,使籽粒过早干缩和过早成熟,造成籽粒瘦小,产量大减。"干热风"也可使种子在较早时期干缩,合成过程受阻,可溶性糖来不及转变为淀粉即被糊精黏结在一起,形成玻璃状而不呈粉状的籽粒。

(2)温度　温度对油料种子的含油量和油脂品质的影响很大。种子成熟期间,适当的低温有利于油脂的累积,温度较低而昼夜温差大时,有利于不饱和脂肪酸的形成。所以,一般产于南方高温条件下的油料种子,含油率较低,油脂中的不饱和脂肪酸相对含量较高,故碘值、蛋白质含量较高;北方较低温度条件下的油料种子则相反,含油率和油脂中不饱和脂肪酸含量均较高,油脂品质好。又如水稻在高温下成熟时米质疏松,腹白大,质量差;相反,温度较低时,有机物质累积较多,质量较好,所以一般晚稻米的质量要比早稻米的好。

7. 植物的衰老有何生物学意义?衰老时有哪些生理生化变化?

答:(1)衰老的生物学意义　①植物成熟衰老时,其营养器官贮存的物质降解,运转到发育的种子、块根、块茎等器官中,有利于新器官的生长发育。②叶子衰老脱落之前,输出大量物质至茎、芽、根中贮存,以供再分配、再利用,能主动适应不良的环境条件,有利于安全越冬。

(2)生理生化方面的变化　主要有:①蛋白质含量显著下降。它比叶绿素下降发生得早,但其变化没有叶绿素剧烈。蛋白质丧失的原因,一般认为是合成能力下降,或分解增强的结果,也有认为二者兼有。②核酸含量下降。在叶片衰老过程中,RNA 含量下降,与 RNA 合成能力降低和降解速度增快有关。各种核酸中,rRNA 减少最明显。DNA 的下降速率较 RNA低。③光合能力下降。光合能力的下降是叶片衰老的主要指标,它在叶片完全展开后即开始,并伴随着叶绿素含量的下降,叶色变黄。整株植物的光合速率在开花开始后下降,在衰老过程中,叶绿素 a 比叶绿素 b 降解快,类胡萝卜素比叶绿素降解晚。④呼吸速率下降。呼吸速率也随叶龄增长而下降,但下降速度较光合速率为慢。有些植物叶片的呼吸保持平稳,但在后期出现一个呼吸高峰,以后呼吸则迅速下降,和跃变型果实表现相似。⑤生物膜结构的変化。細胞趋向衰老的过程中，膜脂的脂肪酸饱和程度逐渐增强，脂肪链加长，使膜由液晶态逐渐转变为凝固态，磷脂尾部处于"冻结"状态，完全失去运动能力，膜失去弹性；生物膜结构选择透性功能丧失，透性加大，膜脂过氧化加剧，膜结构逐步解体；一些细胞器的膜结构发生衰退、破裂甚至解体。⑥植物内源激素的变化。植株或器官的衰老过程中，促进生长的植物激素如 IAA、GA 和 CTK 含量逐步下降，而诱导衰老和成熟的激素如 ABA、ETH 含量逐步升高。

8. 试述植物衰老的自由基损伤学说的基本内容。

答：植物细胞内多种途径可产生超氧阴离子、羟自由基和过氧化氢、单线态氧等活性氧。同时，植物细胞本身具有清除活性氧的酶保护系统和非酶保护系统。在正常情况下，细胞自由基活性氧的产生与清除处于动态平衡状态，自由基活性氧浓度很低，不会引起伤害。但在植物衰老时，这种平衡遭到破坏，自由基产生增加，清除能力减弱，结果活性氧的浓度超过了伤害"阈值"。植物体内产生过多的活性氧自由基，对生物大分子如蛋白质、核酸、生物膜以及叶绿素具有破坏作用，特别是膜脂中的不饱和脂肪酸最易受自由基的攻击而发生过氧化作用；过氧化过程产生新的自由基，会进一步促进膜脂质过氧化，膜的完整性受到破坏，从而加速植物衰老，最后导致植物受伤害或死亡。

9. 简述影响植物衰老的环境因素。

答：(1)光照　光照能延缓植物衰老，而黑暗能够加速衰老。

(2)温度　低温和高温均能诱发自由基的产生，引起生物膜相变和膜脂过氧化，加速植物衰老。

(3)气体　O_2 浓度过高加速自由基的形成，引起衰老；高浓度的 CO_2 可抑制乙烯生成，降低呼吸速率，延缓衰老。

(4)水分　干旱加速叶片的衰老；长期水淹或涝害导致缺 O_2，促进 ETH 和 ABA 形成，加速蛋白质和叶绿素的降解，促进植物的衰老。

(5)矿质营养　氮肥不足，叶片易衰老；增施氮肥，能延缓叶片衰老。

(6)植物激素　CTK 延缓植物衰老，ETH 和 ABA 促进植物衰老。

10. 试述植物衰老的生理原因及调控机制。

答：(1)营养亏缺学说　许多一年生植物在开花结实后，营养体衰老、凋萎、枯死。其原因主要是营养物质向果实运输，使营养器官营养耗竭而衰老并死亡。

(2)DNA 损伤学说　植物衰老是由于基因表达误差在蛋白质合成中引起有害积累造成的。当错误的产生超过某一阈值时，机能失常，导致衰老。

(3)自由基损伤学说　衰老是由于 SOD 活性降低和脂氧合酶活性升高，导致生物体内自由基产生与消除的平衡被破坏，积累过量的自由基。过量的自由基对细胞膜及许多生物大分子产生破坏作用，如加强酶蛋白的降解、促进脂质过氧化反应、加速乙烯产生、引起 DNA 损伤、改变酶的性质等，进而引发衰老。

(4)植物激素调节学说　延缓衰老的激素(如 CTK、低浓度 IAA、GA、BR、PA 等)和促进衰老的激素(如 ETH、高浓度 IAA、ABA、JA 等)之间不平衡时或促进衰老的激素增高时可加快衰老进程。

11. 举例说明植物衰老方式。

答:(1)整株衰老　一年生植物或二年生植物,在开花结实后出现整株衰老死亡。

(2)地上部衰老　多年生草本植物,地上部随着生长季节的结束而每年死亡,而根仍可以继续生存多年。

(3)渐近衰老　多数多年生常绿木本植物,较老的器官和组织随时间的推移逐渐衰老脱落,并被新器官所取代。

(4)落叶衰老　多年生落叶木本植物,其茎和根能生活多年,而叶每年衰老死亡和脱落。

12. 跃变型果实与非跃变型果实有何区别?

答:(1)跃变型果实在成熟期出现呼吸跃变现象,如香蕉、番茄、苹果、梨等。非跃变型果实在成熟期不发生呼吸跃变现象,这类果实又可分为呼吸渐减型(如柑橘、葡萄、樱桃等)和呼吸后期上升型(如某些品种的柿子、桃等)。

(2)跃变型果实中乙烯生成有两个调节系统:系统Ⅰ负责跃变前果实中低速率的基础乙烯生成;系统Ⅱ负责伴随成熟过程(跃变)的乙烯自我催化大量生成。非跃变型果实乙烯生成速率相对较低,变化平稳,整个过程中只有系统Ⅰ活动,缺乏系统Ⅱ。

(3)对乙烯反应不同。对于跃变型果实,外源乙烯只在跃变前起作用,诱导呼吸上升;同时启动系统Ⅱ,形成乙烯自我催化,促进乙烯大量增加,但不改变呼吸跃变顶峰的高度;外源乙烯所引起的反应是不可逆的,一旦反应发生后,即可自动进行下去,即使将外源乙烯除去,反应仍可进行,而且反应程度与所用乙烯的浓度无关。非跃变型果实则相反,外源乙烯在整个成熟期间都能起作用,促进呼吸增加,其反应程度与所用乙烯浓度高低成比例;当外源处理乙烯除去后,其影响也就消失,呼吸下降恢复原有水平,同时不会促进乙烯增加,是可逆的。

13. 试述乙烯与果实成熟的关系及其作用机理。

答:(1)果实的成熟与乙烯的诱导有密切关系。果实开始成熟时,乙烯的释放量迅速增加,超过一定的阈值时,便诱导果实成熟。已成熟的果实若和未成熟果实一起存放,则已成熟果实释放的乙烯也能加速未成熟果实的成熟过程,达到可食状态。用外源乙烯或乙烯利处理未成熟果实,也能诱导和加速其成熟。人为地将果实内部的乙烯除去,则果实的成熟便推迟。如果促进或抑制果实内乙烯的生物合成过程,则会相应地促进或抑制果实的成熟。利用反义RNA 技术将 ACC 合成酶或 ACC 氧化酶的 cDNA 的反义系统导入番茄中,转基因番茄果实中乙烯的合成严重受阻,果实不能正常成熟。因此,乙烯与果实的成熟密切相关,特别是在跃变型果实中。

(2)乙烯诱导果实成熟的生理机制包括以下几方面:①乙烯与细胞膜相结合,改变了细胞膜的透性,诱导了呼吸高峰的出现,加速果实内部的物质转化,促进果实成熟。②乙烯促进与成熟相关的酶活性的升高,如乙烯处理后,过氧化物酶、纤维素酶、果胶酶、磷酸酯酶等的含量和活性都增强。③乙烯诱导新的 RNA 和蛋白质的合成,这些新合成的蛋白质与呼吸酶有关,从而加速呼吸作用,促进果实成熟。

14. 种子休眠的原因有哪些? 如何解除种子和延存器官的休眠?

答:(1)种子休眠的原因主要包括以下几个方面:①种皮限制。种皮不透水,不透气,对胚具有机械阻碍作用。②胚未完全发育。种子虽然完全成熟,并已脱离母体,但胚的生长和分化未完成,采收后胚尚需要吸收胚乳中养料,继续生长,达到发育完全方能萌发。③种子未完成后熟。种子的胚虽已完成发育,但生理上尚未成熟,经一段后熟期后,才能破除休眠。④种子内含有抑制萌发的物质。有些植物种子不能萌发,是由于种子或果实内含有抑制物质。

(2)解除种子和延存器官休眠的措施主要包括:①破坏种皮。对种皮过厚或紧实不透水的种子,可用机械破损或化学的方法破坏种皮。②层积处理(沙藏法)。用于胚在形态上已经发育完全,但需要完成生理后熟的种子。③晒种或加热处理。棉花、小麦等种子,在播种前晒种或在 35~40℃ 高温下经一定的时间,可促进后熟,提高发芽率。④化学药剂处理。可以用生长调节剂处理,如刚收获的马铃薯块茎切块后,在 0.5~1 mg·L^{-1}GA 溶液中浸泡 10 min,可破除块茎休眠,促进发芽。⑤清水冲洗。如番茄、西瓜等种子,从果实中取出后,用水冲洗干净,可以除去附着在种子上的抑制物质而解除休眠。

15. 植物器官脱落与植物激素的关系如何?

答:(1)生长素 当生长素含量降至最低时,叶片就会脱落。外施生长素于离区的近基一侧,则加速脱落,施于远基一侧,则抑制脱落,其效应也与生长素浓度有关。

(2)脱落酸 幼果和幼叶的脱落酸含量低,当接近脱落时,它的含量最高。脱落酸可促进分解细胞壁的酶的活性,抑制叶柄内生长素的运输。

(3)乙烯 双子叶植物子叶在脱落前乙烯生成量显著增加。植株发生病虫害,乙烯释放量增多,也会促进脱落。

(4)赤霉素 促进乙烯生成,也可促进脱落。

(5)细胞分裂素 延缓衰老,抑制脱落。

16. 实践中如何调控器官的衰老与脱落?

答:(1)调控衰老的措施主要有:①应用基因工程。植物的衰老过程受多种遗传基因控制,并由衰老基因产物启动衰老过程。通过抗衰老基因的转移可以对植物或器官的衰老进行调控,然而基因工程只能加速或延缓衰老,而不能阻止衰老。②使用植物生长物质。一般 CTK、低浓度 IAA、GA、BR、PA 可延缓植物衰老;ABA、乙烯、JA、高浓度 IAA 可促进植物衰老。③改变环境条件。适度光照能延缓多种作物叶片的衰老,而强光会加速衰老;短日照处理可促进衰老,而长日照则延缓衰老。干旱和水涝都能促进衰老。营养(如 N、P、K、Ca、Mg)亏缺也会促进衰老。高浓度 O_2 会加速自由基形成,引发衰老,而高浓度 CO_2 抑制乙烯形成,因而延缓衰老。另外,高温、低温、大气污染、病虫害等都不同程度地促进植物或器官的衰老。

(2)调控脱落的措施主要有:①应用植物生长调节剂。可用各类生长调节剂以促进或延缓脱落。②改善水肥条件。如增加水肥供应和适当修剪,使花、果得到足够养分,减少脱落。③基因工程。可通过调控与衰老有关的基因表达,进而影响脱落。

17. 简述果实的生长模式及其形成原因。

答:果实主要有两种生长模式:单 S 形生长曲线和双 S 形生长曲线。单 S 形的果实在生长过程中表现出慢—快—慢的生长节奏,如苹果、梨、香蕉、板栗、柑橘等。这类果实慢—快—慢的生长节奏与果实中细胞分裂、膨大以及成熟的节奏相一致。幼果期,光合作用弱,合成干物质少,生长缓慢;果实体积增大时,光合作用加强,合成大量有机物,生长加快;进入成熟期,光合作用下降,合成有机物减少,加上呼吸消耗,生长减慢。双 S 形的果实生长中期出现一个缓慢生长期,表现出慢—快—慢—快—慢的生长节奏,如桃、李、杏、梅、葡萄等。其中的缓慢生长期是果肉暂时停止生长,而内果皮木质化、果核变硬的时期。果实第二次迅速生长期主要是中果皮细胞的膨大和营养物质的大量积累。

18. 简述器官脱落的类型和生物学意义。

答：(1)器官脱落有三种类型：一是正常脱落，是由于衰老或成熟引起的脱落，比如果实和种子的成熟脱落。二是胁迫脱落，是由于逆境引起的脱落。三是生理脱落，是因植物自身的生理活动而引起的脱落，如营养生长与生殖生长竞争而造成的脱落。

(2)器官脱落具有重要的生物学意义，是植物在一定环境条件下的自我调控手段。如干旱、结果太多、矿质营养亏缺等引起的落花落果，有利于淘汰发育不良的果实，保证留存果实的营养供给。干旱引起的落叶，可减少蒸腾，增强抗旱力。

第9章　植物的逆境生理

【学习目的与要求】

通过本章学习,主要了解植物在逆境下的形态变化与代谢特点,掌握渗透调节、交叉适应与植物抗逆性的关系;掌握高温和低温对植物的伤害及植物抗热性和抗寒性机制;掌握干旱和湿涝对植物的伤害以及植物抗旱、抗涝的机理与途径;掌握盐分过多对植物的危害以及植物对盐害的适应性机制及其提高途径;掌握病虫对植物的伤害以及植物抗病性和抗虫性的机理;了解大气、水体、土壤等环境污染对植物的伤害和植物抵抗环境污染的机理与途径,以及进行环境保护的必要性;了解抗逆生理与农业生产的关系,提高作物抗逆性的途径。

【重点和难点】

重点

(1)植物在逆境下的形态结构变化与生理生化代谢变化的特点;(2)植物对逆境适应的生理基础;(3)植物抗冷性、抗冻性及抗旱性的机理;(4)冷害引起植物体内发生的生理生化变化的特点和植物在抗冻锻炼过程中产生的适应性生理生化变化的特点;(5)植物对盐害的适应性机制及其提高途径;(6)抗逆生理与农业生产的关系,提高作物抗逆性的途径。

难点

(1)逆境对植物的伤害机理;(2)膜脂发生相变与植物抗寒性的关系;(3)植物抗冷性、抗冻性及抗旱性机理;(4)植物对盐害的适应性机制;(5)活性氧对植物伤害的机理。

【学习要点】

9.1　逆境的种类和逆境对植物的伤害

逆境是对植物生长发育和生存不利,使植物受到伤害的各种环境因素的总称,又称为胁迫。逆境的种类很多,主要包括非生物胁迫(物理胁迫、化学胁迫等)和生物胁迫两类(图 9-1)。不同的逆境一般都能引起植物细胞脱水,生物膜破坏,各种代谢无序进行。逆境导致植物代谢失调主要表现在引起植物的水分胁迫;光合作用下降,同化产物供应减少;呼吸速率大起大落,呼吸代谢途径发生变化,磷酸戊糖(PPP)途径所占比例增大。在各种逆境下,植物体内的物质分解大于物质合成,水解酶活性高于合成酶活性,大量大分子物质被降解。

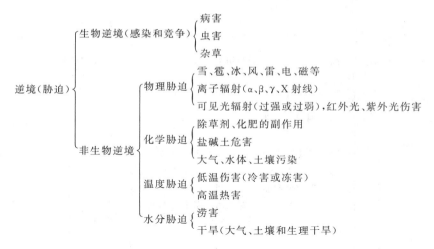

图 9-1　逆境类型

9.2　植物对逆境的适应和交叉适应

植物通过避逆性和耐逆性两种方式来抵抗逆境。植物对逆境的适应有形态结构和生理代谢两方面。形态结构适应包括根系发达、叶小以适应干旱条件;扩大根部通气组织以适应淹水条件;生长停止,进入休眠,以迎接冬季低温来临等。生理适应主要以形成逆境蛋白、增加渗透调节物质和脱落酸含量的方式,减少质膜系统的破坏,提高细胞对各种逆境的抵抗能力。

植物经历了某种逆境后,能提高对另一些逆境的抵抗能力,这种对不良环境间的相互适应作用称为交叉适应(交叉忍耐),植物交叉适应的作用物质可能是 ABA(脱落酸)。

9.3　植物抗逆性的获得与信号转导

植物通过细胞感受逆境信号、传导逆境刺激、激活一系列分子途径并调控相关基因表达和生理反应等三个阶段适应逆境,在逆境中获得抗逆性。在逆境下植物体内存在系统性传递信息的信号物,参与逆境信号转导的主要信号分子有 Ca^{2+}、蛋白激酶、H^+(pH)、ABA、活性氧(reactive oxygen species,ROS)和 NO 等。

9.4　寒害与植物抗寒性

低温逆境包括冷害和冻害。冷害是冰点以上低温对植物的伤害,分为直接伤害和间接伤害。冷害导致膜相由液晶态转变成凝胶态,膜透性增大,代谢紊乱(图 9-2)。植物适应冷害的方式是提高膜中不饱和脂肪酸含量,降低膜脂相变温度,维持膜的流动性。

冻害指冰点以下低温使细胞间隙结冰或细胞内结冰引起的伤害。冻害的机理通常用膜伤害假说(图 9-3)及巯基假说阐释。冷驯化是提高植物抗寒性的生理生化适应性变化过程,包括寒驯化和冻驯化。Ca^{2+} 信使系统在低温信号转导过程中起着重要作用。寒冷来临时,植物以降低自由水含量,代谢减弱,诱导冷调节蛋白(cold regulated protein,CORP)、抗冻蛋白(antifreeze protein,AFP)等冷驯化蛋白形成,增加糖分等保护物质的方式适应低温。

植物生理学学习指导

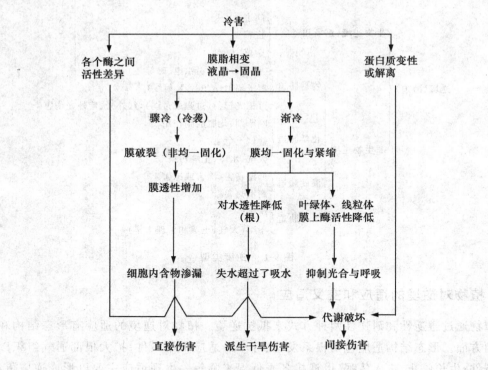

图 9-2 冷害的机制图解(引自 Levitt,1980)

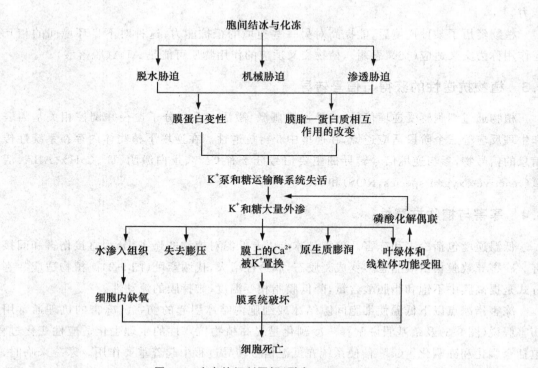

图 9-3 冻害的机制图解(引自 Levitt,1980)

9.5　热害与植物抗热性

热害是高温胁迫对植物的伤害,分为直接伤害及间接伤害。高温导致生物膜功能键断裂、膜脂液化、膜蛋白变性、代谢性饥饿、有毒物质积累、蛋白质破坏、生理活性物质缺乏。高温下诱导合成的热激蛋白(heat shock protein,HSP),使植物表现出较好的抗热性。Ca^{2+} - CaM 介导的信号转导途径可能参与了热激基因表达的调节。

9.6　旱害与植物抗旱性

干旱分为大气干旱、土壤干旱和生理干旱。干旱使细胞过度脱水、膜破坏,正常生理生化代谢受阻、细胞受到机械性损伤(图 9-4)。抗旱植物一般有增加吸水、减少失水的形态特征,以及保水能力强、代谢稳定等生理特征。植物体内形成和积累脯氨酸、干旱诱导蛋白等可以提高植物抗旱性。

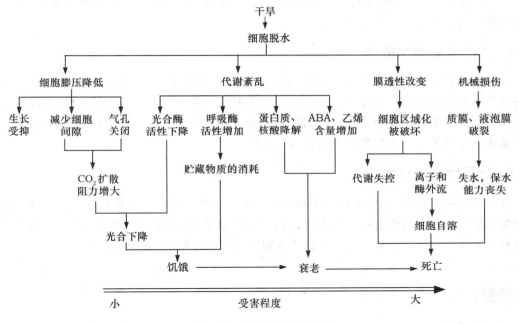

图 9-4　干旱对植物的危害

9.7　涝害与植物抗涝性

土壤水分过多对植物产生的危害称为涝害。广义的涝害分为湿害和涝害。湿害指土壤水分达到饱和状态,土壤含水量超过田间最大持水量时,对旱生植物造成的伤害;涝害指地面积水,淹没了作物的一部分或全部而造成的伤害。水分过多的危害并不在于水分本身,而是由于水分过多引起缺氧,从而产生一系列危害。植物具有适应厌氧环境的能力。低氧信号能激活某些厌氧反应基因的表达,诱导厌氧多肽的形成。植物主要通过避缺氧和耐缺氧两种方式,如发达的通气系统、提高乙醇酸氧化酶活性和厌氧多肽等来提高抗涝性。

9.8 盐害与植物抗盐性

盐害对植物的主要危害是渗透胁迫、离子失调及生理代谢紊乱。根据抗盐能力的大小，可将植物分为盐生植物和甜土植物两大类。植物通过避盐和耐盐两种方式适应盐胁迫。渗透调节有利于降低细胞的渗透势和防止细胞脱水，提高植物对盐胁迫的抗性。植物体内的盐胁迫信号途径包括渗透胁迫信号转导途径和盐超敏感(salt overly sensitive,SOS)调控途径。

9.9 病害与植物抗病性

植物病害是致病微生物(包括真菌、细菌、病毒等)对寄主(感病植物)产生的危害。植物感病后的表现有水分平衡破坏、呼吸升高、光合下降、激素发生变化、同化物运输受阻。植物对病原物有抵抗力，如加强氧化酶活性；发生过敏反应；产生植保素、木质素、病程相关蛋白等抗病性物质。植物对病原物的抗性可以通过诱导产生或增强，即诱导抗病性。当病原体激发子被 R 基因识别后，复杂的信号转导途径被开启，引起信号传递，最后导致防御反应，增强植物抗病性。

9.10 虫害与植物抗虫性

在植物与昆虫的相互作用中，植物利用不同机制来避免、阻碍或限制昆虫的侵害，或者通过快速再生来忍耐虫害。植物对昆虫的抵抗能力称为植物的抗虫性。植物的抗虫性可分为生态抗性和遗传抗性两大类。形态解剖特性构成了植物拒虫性的主要方面，抗虫性表现和有毒的植物成分有关。可用生物技术培育抗虫品种。

9.11 环境污染与植物抗性

环境污染包括大气污染、水体污染和土壤污染。主要大气污染物包括 SO_2、光化学烟雾、氟化物、氯气；水体污染物有酚类化合物、氰化物、三氯乙醛、重金属及酸雨(雾)；土壤污染主要来自大气及水体污染。植物可以净化环境和作为指示物监测预报污染情况。

【自测题】

一、名词解释

1. 逆境；2. 抗逆性；3. 耐逆性；4. 避逆性；5. 渗透调节；6. 逆境蛋白；
7. 交叉适应；8. 冷害；9. 抗冷性；10. 冻害；11. 抗冻性；12. 胞间结冰；13. 胞内结冰；
14. 过冷作用；15. 不饱和脂肪酸指数；16. 巯基假说；17. 抗性锻炼；18. 温度补偿点；
19. 干旱；20. 旱害；21. 抗旱性；22. 大气干旱；23. 土壤干旱；24. 生理干旱；
25. 水合补偿点；26. 抗旱锻炼；27. 热害；28. 抗热性；29. 热激蛋白；30. 涝害；
31. 湿害；32. 抗涝性；33. 盐害；34. 盐碱土；35. 抗盐性；36. 避盐性；37. 耐盐性；
38. 病害；39. 抗病性；40. 植保素；41. 虫害；42. 抗虫性；43. 生态抗性；
44. 遗传抗性；45. 拒虫性；46. 耐虫性；47. 大气污染；48. 光化学烟雾；49. 臭氧；
50. 水体污染；51. 土壤污染；52. 指示植物。

二、填空题

1. 对植物生长发育和生存不利使植物受到伤害的各种环境因素总称为＿＿＿＿。植物对其抵抗和忍耐能力叫作＿＿＿＿。

2. 由于提高细胞液浓度,降低渗透势而表现出的调节作用称为＿＿＿＿调节。调节细胞液浓度的渗透物质大致可分为两大类。一类是由外界进入细胞的＿＿＿＿离子,一类是在细胞内合成的＿＿＿＿物质。

3. 常见的有机渗透调节物质有＿＿＿＿、＿＿＿＿和＿＿＿＿等。

4. 植物细胞在结冰脱水或干旱脱水时,蛋白质分子间易形成＿＿＿＿,使蛋白质＿＿＿＿。

5. 冻害主要是＿＿＿＿引起的伤害。植物组织结冰可分为两种方式:＿＿＿＿结冰与＿＿＿＿结冰。

6. 随土壤水势降低,小麦、大麦、蚕豆和棉花等作物的光合作用＿＿＿＿,出现这种变化的原因有＿＿＿＿和＿＿＿＿两种。

7. 水生植物抗涝主要是因为具有＿＿＿＿,而柳树耐涝是因为可利用＿＿＿＿。

8. 植物对高温胁迫的适应称为＿＿＿＿性。高温对植物的危害首先是引起蛋白质的＿＿＿＿,其次是导致＿＿＿＿的液化。

9. 对植物有毒的工业废气是多种多样的,最主要的是＿＿＿＿、＿＿＿＿、＿＿＿＿和＿＿＿＿等。

10. 有毒气体主要通过＿＿＿＿进入植物体。

11. 植物组织中可催化 $2O_2^- \cdot + 2H^+ \longrightarrow H_2O_2 + O_2$ 这一反应的酶称为＿＿＿＿。

12. 逆境下植物体内大量上升的物质有＿＿＿＿和＿＿＿＿,植物抗寒性的主要保护物质是＿＿＿＿。

13. 植物经历某种逆境后能提高对另一些逆境的抵抗能力,这种现象称为＿＿＿＿。

14. 经抗寒锻炼后,植物膜脂中的＿＿＿＿脂肪酸含量和＿＿＿＿程度增加,可溶性糖含量＿＿＿＿,淀粉含量＿＿＿＿。

15. 膜脂中脂肪酸的成分明显影响膜脂的相变温度,增加＿＿＿＿脂肪酸的含量,能＿＿＿＿膜脂相变温度,提高植物的抗冷性。

16. 植物细胞的化学成分中含量最多的是＿＿＿＿,它在体内有两种存在方式,即＿＿＿＿和＿＿＿＿的值越高,植物的抗逆性越强。

17. 作物抗病的生理基础主要表现在下列三点:＿＿＿＿、＿＿＿＿和＿＿＿＿。

18. 温带或高山植物,其膜脂中的＿＿＿＿含量较高,这有利于避免膜在低温时发生＿＿＿＿。

19. 研究发现,＿＿＿＿与抗旱性存在一定相关性,因为该氨基酸既可解除＿＿＿＿的毒害,还能增强细胞的＿＿＿＿能力。

20. 植物感病时,其呼吸速率＿＿＿＿,呼吸途径也发生变化,＿＿＿＿明显增强了。

21. 细胞中自由水/束缚水的值越大,则代谢＿＿＿＿;越小,则抵抗逆境的能力＿＿＿＿。

22. 植物对胁迫因子的抗性一般有_____和_____两种。

23. 农业生产上造成盐害的原因是大量灌溉后,随着蒸发和植物的蒸腾,带走了土中的纯水,留下大量的_____在土壤中,尤其在气候_____地区,盐渍化日趋严重。

24. 干旱通常可分为大气干旱、_____干旱和_____干旱三类。

25. 土壤中盐类主要以_____和_____形式存在,此种土壤称为盐土;土壤中盐类以_____和_____为主,此种土壤称为碱土。植物耐盐的主要形式是_____。

26. 根据植物的耐盐能力,可将植物分为_____植物和_____植物。

27. 现在困扰人们的三大全球环境问题是臭氧层破坏、酸雨和_____。

28. 在逆境条件下,植物体内含量增加最显著的氨基酸是_____,其积累的主要原因有_____、_____、_____。

29. 干旱条件下,植物体内增加最多的两种植物激素是_____和_____。

30. 在植物逆境适应过程中,交叉适应的作用物质是_____。

31. 植物自由基清除系统主要包含_____、_____、_____三种酶。

32. 土壤中盐分过多对植物的伤害主要有_____、_____、_____三方面。

33. 植物在遭受病原菌侵害时,体内可产生抗病的抗毒素,它们大多是_____类化合物。

34. 土壤水分过多对植物产生的危害称涝害,涝害一般有两层含义,即_____害和_____害。植物对积水或土壤过湿的适应力和抵抗力称植物的_____性。

35. 植物抗盐性方式有:(1)_____盐,植物通过被动_____盐、主动_____盐和_____盐分来达到抗盐的目的;(2)_____盐,植物通过生理或代谢过程来适应细胞内的高盐环境。

36. 真菌、细菌、病毒等微生物对寄主(感病植物)产生的危害叫_____害。植物抵抗病原微生物侵袭的能力称_____性。

37. 根据田间观察害虫在植物上生存、发育和繁殖的相对情况,寄主植物对虫害的反应可分为如下类型:_____型;_____型;_____型;_____型;_____型。

38. 大气污染物进入细胞后积累到一定阈值即产生伤害,危害方式可分为_____伤害、_____伤害和_____伤害三种。

39. 渗透调节物质种类虽多,但它们都有如下共同特点:分子量_____、易溶解;有机调节物在生理 pH 范围内不带_____;能被细胞_____保持住;引起酶结构变化的作用极小;在酶结构稍有变化时,能使酶构象稳定,而不至于变性;_____迅速,并能累积到足以引起渗透势调节的量。

三、单项选择题

1. 植物细胞遭受逆境伤害时,最易观察到的是膜的伤害。随伤害程度的增加,膜透性(　　)。
(A)不变　　　　　(B)变小　　　　　(C)变大　　　　　(D)无规律变化

2. 植物遭受冷害以后,其多胺含量(　　)。
(A)增加　　　　　(B)减少　　　　　(C)不变　　　　　(D)无规律变化

3. 植物受旱时,永久萎蔫与暂时萎蔫的根本差别在于(　　)。
(A)蛋白质变性　　(B)激素变化　　　(C)氨基酸积累　　(D)原生质脱水

4. 在抗冻锻炼过程中,可溶性糖、不饱和脂肪酸、束缚水/自由水(　　　)。
　(A)均升高　　　　　(B)均降低　　　　　(C)基本不变　　　　(D)无规律

5. 缺氧逆境中,植物产生的主要逆境蛋白是(　　　)。
　(A)RuBP 羧化酶　　(B)乙醇脱氢酶　　(C)多酚氧化酶　　　(D)PEP 羧化酶

6. 植物组织受伤害时,受伤处往往迅速呈现褐色,其主要原因是(　　　)。
　(A)醌类化合物的聚合作用　　　　　(B)产生褐色素
　(C)细胞死亡　　　　　　　　　　　(D)光的照射

7. 盐分过多对植物呼吸作用的影响是(　　　)。
　(A)呼吸增高　　　(B)呼吸降低　　　(C)呼吸变化不大　　(D)呼吸先降后升

8. 形成酸雨的原因是空气中(　　　)含量太高。
　(A)CO_2　　　　　(B)SO_2　　　　　(C)NO_2　　　　　(D)HF

9. 近代观点认为,冷害首先是由于(　　　)而引起的。
　(A)有毒代谢产物积累　　　　　　　(B)细胞失水
　(C)代谢失调　　　　　　　　　　　(D)膜脂相变

10. 用电导仪测定植物抗逆性的原理是(　　　)。
　(A)膜透性的变化　　　　　　　　　(B)细胞渗透势的变化
　(C)细胞水势的变化　　　　　　　　(D)细胞衬质势的变化

11. 细胞间结冰造成伤害的主要原因是(　　　)。
　(A)原生质过度脱水　　　　　　　　(B)机械损伤
　(C)膜伤害　　　　　　　　　　　　(D)冰点以下低温

12. 干旱、高温、低温、盐渍、辐射等多种逆境因子对植物造成的共同伤害首先是(　　　)。
　(A)呼吸异常　　　(B)代谢紊乱　　　(C)水分胁迫　　　(D)膜结构破坏

13. 在植物受干旱胁迫时,植物体内氨基酸积累最多的是(　　　)。
　(A)天冬氨酸　　　(B)脯氨酸　　　　(C)精氨酸　　　　(D)丙氨酸

14. 遇干旱时,植物体内大量积累(　　　)。
　(A)脯氨酸与甜菜碱　　　　　　　　(B)甜菜碱与 CTK
　(C)CTK 与酰胺　　　　　　　　　　(D)脯氨酸与生长素

15. 植物感染病菌时,其呼吸速率(　　　)。
　(A)显著下降　　　(B)显著升高　　　(C)变化不大　　　(D)变化无规律

16. 植物抗低温的能力主要与膜脂中(　　　)的含量高有关。
　(A)糖蛋白　　　　(B)半乳糖脂　　　(C)不饱和脂肪酸　　(D)糖类

17. 我国目前最主要的大气污染物是(　　　)。
　(A)氯化物　　　　(B)SO_2　　　　　(C)O_3　　　　　　(D)HF

18. 生理干旱是指(　　　)造成的植物干旱。
　(A)大气温度低　　　　　　　　　　(B)土壤水分含量低
　(C)土壤盐浓度过高　　　　　　　　(D)叶片蒸腾作用太强

19. 能提高植物抗寒性的植物生长物质有(　　　)。
　(A)ABA　　　　　(B)GA　　　　　　(C)IAA　　　　　　(D)CTK

20. 为提高苗木的抗旱性,不应多施( )肥。
(A)氮　　　　　(B)磷　　　　　(C)钾　　　　　(D)硼

21. SOD 主要清除( )。
(A)·OH　　　　(B)$^1O_2$　　　　(C)ROO·　　　　(D)O_2^-·

22. 一般说来,越冬作物细胞中自由水/束缚水( )。
(A)大于 1　　　(B)小于 1　　　(C)等于 1　　　(D)等于零

23. 仙人掌的抗旱机制主要是( )。
(A)耐旱　　　　(B)避旱　　　　(C)逃旱　　　　(D)都不是

24. 油料种子发育过程中,最先积累的贮藏物质是( )。
(A)淀粉　　　　(B)油脂　　　　(C)有机酸　　　(D)脂肪酸

25. 植物对逆境的抵抗和忍耐能力叫( )。
(A)避逆性　　　(B)御逆性　　　(C)耐逆性　　　(D)抗逆性

26. ( )是一种胁迫激素,它在调节植物对逆境的适应中具有重要作用。
(A)细胞分裂素　(B)乙烯　　　　(C)茉莉酸甲酯　(D)脱落酸

27. 以下哪种蛋白质不是逆境蛋白? ( )
(A)热激蛋白　　(B)冷响应蛋白　(C)抗冻蛋白　　(D)叶绿蛋白

28. 缺水、缺肥、盐渍等处理可提高烟草对低温和缺氧的抵抗能力,这种现象是( )的体现。
(A)交叉适应　　(B)低温锻炼　　(C)逆境忍耐　　(D)逆境逃避

29. 膜脂中( )含量与总脂肪酸含量的比值,可作为衡量植物抗冷性的生理指标。
(A)脂肪酸链长　(B)脂肪酸　　　(C)不饱和脂肪酸　(D)不饱和脂肪酸双键

30. 受冷害的植物有多种表现。以下各种表现中,仅( )没有实验依据。
(A)代谢紊乱　　(B)离子泄漏　　(C)光合速率增加　(D)膜透性增加

31. 借缩短生育期的方法,在较短的雨季中迅速完成生活史,从而避开干旱的植物称为( )植物。
(A)耐旱　　　　(B)御旱　　　　(C)避旱　　　　(D)抗旱

32. 可作为选择抗旱品种的形态生理指标为( )。
(A)光合速率　　(B)蒸腾速率　　(C)根冠比　　　(D)叶绿素含量

33. 作物抗涝性的强弱取决于( )。
(A)有无发达的通气系统　　　　　(B)对有毒物质的忍耐力
(C)对缺氧的适应能力　　　　　　(D)大的根冠比

34. 造成盐害的主要原因为( )。
(A)渗透胁迫　　(B)膜透性改变　(C)代谢紊乱　　(D)机械损伤

35. 通过生理或代谢过程来适应细胞内的高盐环境的抗盐方式称( )。
(A)避盐　　　　(B)排盐　　　　(C)稀盐　　　　(D)耐盐

36. 通过吸收水分或加快生长速率来稀释细胞内盐分浓度的抗盐方式称( )。
(A)拒盐　　　　(B)排盐　　　　(C)稀盐　　　　(D)耐盐

37. 水稻恶苗病是由于感染赤霉菌后产生了大量的( )。
(A)赤霉素　　　(B)生长素　　　(C)脱落酸　　　(D)细胞分裂素

四、判断题

1. 冷敏植物处于冷害温度时,其游离脂肪酸含量增加。(　　)

2. 暂时萎蔫是植物对干旱的一种适应反应,对植物是有利的。(　　)

3. SO_2 伤害植物引起的乙烯产生,称为基础乙烯。(　　)

4. 抗盐性强的植物,其原生质膜具有很高的透性。(　　)

5. 冻害对植物的伤害主要是结冰引起的。(　　)

6. 干旱胁迫时,细胞内往往会累积大量的脯氨酸。(　　)

7. 细胞间结冰往往造成植物死亡。(　　)

8. 抗寒性强的品种其膜脂不饱和脂肪酸与脂肪酸比例比抗寒性弱的品种高。(　　)

9. "盐胁迫"(或称"盐害")对植物生长的影响不仅是由于盐分本身对植物的毒害作用,还包括因盐浓度过高造成的水分胁迫作用。(　　)

10. 旱害的核心是原生质脱水。(　　)

11. 抗寒的植物在低温下合成不饱和脂肪酸较少。(　　)

12. 生长快的植株比生长慢的植株冷害敏感度大。(　　)

13. 任何逆境都会使光合速率下降。(　　)

14. 将吸收的盐分主动排泄到茎叶表面的抗盐方式称拒盐。(　　)

15. 植物主要是通过提高细胞膜的透性提高抗逆性。(　　)

16. 植物组织受到伤害时,呼吸作用增加,这部分呼吸称为伤呼吸。(　　)

17. 植物适应干旱条件的形态特征之一是根冠比变小。(　　)

18. 细胞内结冰往往造成植物死亡。(　　)

五、解释现象

1. 入冬前树干刷白。

2. 蔬菜移栽前拔起让其适当萎蔫一段时间再移栽。

3. 棉花种子用 0.3%～1.2% 的 NaCl 溶液浸种处理可提高其抗盐性。

4. 树干受冻时,通常是向阳面比背阳面受害重。

5. 谷类作物生殖器官形成期对干旱较为敏感。

6. 植物受水淹后反而出现萎蔫现象。

六、问答题

1. 简述植物越冬期间的生理生化适应性变化。

2. 简述干旱时,植物体内脯氨酸含量大量增加的可能原因及生理意义。

3. 论述抗旱植物的形态和生理生化特征,以及提高植物抗旱性的途径。

4. 在抗寒锻炼期间,生物膜结构成分与抗寒性的关系如何?

5. 试述逆境胁迫下植物的生理反应。

6. 简述生物膜的结构和功能与植物抗逆性的关系。

7. 论述逆境蛋白可能的生物学意义。

8. 高温对植物有哪些伤害?

9. 简述植物对逆境条件的形态结构适应和生理适应。

10. 冷害过程中植物体内的生理生化变化有什么特点?

11. 干旱对植物的生理过程有哪些影响?

12. 植物耐盐的生理基础表现在哪些方面？怎样提高植物的抗盐性？

13. 涝害对植物的影响如何？植物抗涝的生理基础是什么？

14. 病害对植物的生理生化过程有哪些影响？作物抗病的生理生化基础是什么？

15. 什么是植物抗逆性的获得与信号转导？有哪些主要信号分子参与逆境信号转导？

16. 植物在环境保护中有哪些作用？

17. 什么叫植物的交叉适应？交叉适应的植物有哪些特点？

18. 试述植物抗虫的机制以及提高植物抗虫性的途径。

19. 大气污染物主要有哪些？它们对植物有哪些危害？

20. 简述脱落酸与植物抗逆性的关系。外施 ABA 提高植物抗逆性的原因是什么？

21. 植物氧代谢失调会引起哪些伤害？

22. 环境污染中的"五毒"是什么？它们是如何危害植物的？

23. 写出植物体内能消除自由基的抗氧化物质与抗氧化酶类。

24. 植物在逆境下可以合成哪些逆境蛋白？它们有什么生理功能？

25. 说明遭受冷害后植物死亡的原因。

26. 简述冷害、冻害、热害、旱害、盐害中生物膜的变化特点。

【自测题参考答案】

一、名词解释

1. 逆境(environment stress)：是对植物生长发育和生存不利,使植物受到伤害的各种环境因素的总称。

2. 抗逆性(stress resistance)：指植物在长期系统发育中逐渐形成的对逆境的适应和抵抗能力。植物抗逆性可分为避逆性和耐逆性两种。

3. 耐逆性(stress tolerance)：又称为逆境忍耐。指植物处于不利环境时,通过代谢反应来阻止、降低或修复由逆境造成的损伤,仍保持正常生理活动的能力。

4. 避逆性(stress avoidance)：指植物通过各种途径摒拒逆境对植物产生的直接效应,在逆境条件下维持正常生理活动的能力。

5. 渗透调节(osmoregulation)：逆境条件下,植物体内细胞积累各种有机和无机物质提高细胞液的浓度,降低渗透势,提高细胞的保水能力,从而适应胁迫环境。

6. 逆境蛋白(stress protein)：逆境条件诱导植物产生的新的蛋白质或酶。

7. 交叉适应(cross adaptation)：植物经历某种逆境后,能提高对另一些逆境的抵抗能力,这种对不良环境间的相互适应作用称为交叉适应。

8. 冷害(chilling injury)：指植物在组织冰点以上受到的低温伤害。

9. 抗冷性(chilling resistance)：指植物对冰点以上低温的适应能力。

10. 冻害(freezing injury)：指植物在组织冰点以下受到的低温伤害。

11. 抗冻性(freezing resistance)：指植物对冰点以下低温的适应能力。

12. 胞间结冰(intercellular freezing)：指当环境温度缓慢降低,使植物组织内温度降到冰点以下时,细胞间隙的水开始结冰。

13. 胞内结冰(intracellular freezing)：指当环境温度骤然降低时,不仅细胞间隙结冰,细胞内水分也会同时结冰。

14．过冷作用（supercooling）：当持续、缓慢降温时，植物体温降到冰点以下而没有冰晶形成的现象称为过冷作用。

15．不饱和脂肪酸指数（unsaturated fatty acid index，UFAI）：是指生物膜中的不饱和脂肪酸含量与总脂肪酸含量的比值，可作为衡量植物抗寒性的生理指标。UFAI 高，反映抗冷性强。

16．巯基假说（sulfhydryl group hypothesis）：该假说的主要内容为：当细胞内原生质遭受冰冻脱水时，随着原生质收缩，蛋白质分子相互靠近，当接近到一定程度时蛋白质分子中相邻的巯基（—SH）氧化形成二硫键（—S—S—）。解冻时蛋白质再度吸水膨胀，肽链松散，氢键断裂，—S—S—仍保留，使肽链的空间位置发生变化、蛋白质的天然结构破坏，引起细胞伤害和死亡。

17．抗性锻炼（hardiness hardening）：植物的抗逆特性需要在特定的不良环境因子的诱导下才能表现出来，这种诱导过程称为抗性锻炼。

18．温度补偿点（temperature compensation point）：指在一定条件下，呼吸速率和光合速率相等时的外界环境温度。

19．干旱（drought）：当植物耗水大于吸水时，植物体内出现的水分过度亏缺的现象。

20．旱害（drought injury）：指土壤水分缺乏或大气相对湿度过低对植物的危害。

21．抗旱性（drought resistance）：指植物适应和抵抗干旱的能力。

22．大气干旱（atmosphere drought）：空气过度干燥，相对湿度过低，使植物的蒸腾作用过强，根系吸水补偿不了失水，使植物体发生水分亏缺的现象。

23．土壤干旱（soil drought）：因土壤中缺乏可供植物吸收利用的水，使植体内水分亏缺，发生永久萎蔫的现象。

24．生理干旱（physiological drought）：指由于土壤温度过低、土壤溶液离子浓度过高、土壤缺氧、土壤存在有毒物质等因素的影响，使根系正常的生理活动受到阻碍，不能吸水而使植物受旱的现象。

25．水合补偿点（hydration compensation point）：一定条件下缺水导致光合速率降低，当植物因水分缺乏而使其光合速率与呼吸速率相等，即净光合速率为零时，植物叶片的水势称为水合补偿点。

26．抗旱锻炼（hardening for drought resistance）：是指在种子萌发期或幼苗期进行适度的干旱处理，使植物在生理代谢上发生相应的变化，增强对干旱的适应能力。

27．热害（heat injury）：是高温胁迫对植物的伤害。

28．抗热性（heat resistance）：植物对高温胁迫的适应和抵抗能力。

29．热激蛋白（heat shock protein，HSP）：亦称热休克蛋白，是高温刺激诱导植物形成的一类逆境蛋白。

30．涝害（flood injury）：土壤水分过多对植物产生的伤害。

31．湿害（water logging，wet injury）：土壤水分达到饱和状态，土壤含水量超过田间最大持水量时，对旱生植物造成的伤害。

32．抗涝性（flood resistance）：植物对积水或土壤过湿的适应和抵抗能力。

33．盐害（salt injury）：土壤中盐分过多对植物生长发育产生的危害。

34. 盐碱土（saline and alkaline soil）：土壤中所含盐类以氯化钠（NaCl）和硫酸钠（Na_2SO_4）为主时，则称其为盐土；以碳酸钠（Na_2CO_3）和碳酸氢钠（$NaHCO_3$）为主时，则称为碱土。盐土中如含有一定量的碱土，则称为盐碱土。

35. 抗盐性（salt resistance）：植物对土壤盐分过多的适应和抵抗能力。

36. 避盐性（salt avoidance）：植物避免盐分过多对植物的伤害而能够适应盐渍环境的能力。

37. 耐盐性（salt tolerance）：在盐分胁迫下，植物通过自身的生理代谢变化来适应或抵抗进入细胞的盐分危害。

38. 病害（disease）：真菌、细菌、病毒等微生物对寄主植物体产生的危害。

39. 抗病性（disease resistance）：植物抵抗病原微生物侵袭的能力。

40. 植保素（phytoalexin）：植物受病原微生物侵染后产生的一类低分子量的对病原微生物有毒的化合物。

41. 虫害（pest injury）：害虫对植物引起的危害。

42. 抗虫性（pest resistance）：植物对昆虫的抵抗能力。

43. 生态抗性（ecological resistance）：由于环境条件（特别是非生物因素）的变化，制约害虫的侵害而使植物表现的抗性。

44. 遗传抗性（inheritance resistance）：植物通过遗传方式将拒虫性、抗虫性、耐虫性传给子代的能力。

45. 拒虫性（antixenosis）：植物依靠形态解剖结构的特点或生理生化作用，使害虫不降落、不能产卵和取食的特性。

46. 耐虫性（tolerance to insects）：由于植物具有迅速再生能力，可以经受住害虫危害。

47. 大气污染（air contamination）：大气中有害气体对植物的危害。

48. 光化学烟雾（photochemical smog）：大气污染物 NO 和烯烃类在紫外线作用下发生各种化学反应，产生 O_3、NO_2、醛类和硝酸过氧化乙酰等有害物质，再与大气中的硫酸液滴和硝酸液滴接触形成浅蓝色的烟雾。由于这种具有污染作用的烟雾是通过光化学作用形成的，因此称为光化学烟雾。

49. 臭氧（ozone）：是光化学烟雾中所占比例最大，氧化能力极强的有毒气体。

50. 水体污染（water contamination）：指含有各种污染物质的工业废水和生活污水大量排入水系，再加上大气污染物质、矿山残渣、残留化肥农药等被雨水淋溶，以致各种水体受到不同程度的污染，超过了水体的自净能力，水质显著变劣。

51. 土壤污染（soil contamination）：指土壤中积累的有毒有害物质超出了土壤的自净能力，使土壤的理化性状改变，土壤微生物的活动受到抑制和破坏，进而危害作物生长和人畜的健康。

52. 指示植物（indicating plant）：对某污染物质高度敏感的植物。

二、填空题

1. 逆境，抗逆性。

2. 渗透，无机，有机。

3. 脯氨酸，甜菜碱，可溶性糖。

4. 二硫键，变性。

5. 冰晶,胞外,胞内。

6. 下降,气孔关闭,叶绿体片层膜体系结构改变。

7. 发达的通气组织,NO_3^- 中的 O_2。

8. 抗热,变性和凝固,膜脂。

9. SO_2,氟化物,NO_x,O_3。

10. 气孔。

11. 超氧化物歧化酶(SOD)。

12. 可溶性糖,可溶性氮,不饱和脂肪酸。

13. 交叉适应。

14. 不饱和,膜透性稳定,增加,减少。

15. 不饱和,降低。

16. 水分,束缚水,自由水,束缚水/自由水。

17. 氧化酶活性增强,促进组织坏死,产生抑制物质。

18. 不饱和脂肪酸,凝固降解。

19. 脯氨酸,氨,渗透调节。

20. 增高(增强、增加),PPP 途径。

21. 越强,越强。

22. 避逆性,耐逆性。

23. 盐分,干燥。

24. 土壤,生理。

25. $NaCl$,Na_2SO_4,$NaHCO_3$,Na_2CO_3,耐渗透胁迫。

26. 盐生,甜土。

27. 光化学烟雾。

28. 脯氨酸,脯氨酸合成加强,脯氨酸氧化受抑,蛋白质合成减弱。

29. 脱落酸(ABA),乙烯(ETH)。

30. 脱落酸(ABA)。

31. 超氧化物歧化酶(SOD),过氧化氢酶(CAT),过氧化物酶(POD)。

32. 渗透胁迫,离子失调,生理代谢紊乱。

33. 多酚。

34. 湿,涝,抗涝。

35. 避,拒,排,稀释,耐。

36. 病,抗病。

37. 免疫,高抗,低抗,易感,高感。

38. 急性,慢性,隐性。

39. 小,净电荷,膜,生成。

三、单项选择题

1. C 2. A 3. D 4. A 5. B 6. A 7. B 8. B 9. D 10. A 11. A
12. D 13. B 14. A 15. B 16. C 17. B 18. C 19. A 20. A 21. D
22. B 23. B 24. A 25. D 26. D 27. D 28. A 29. C 30. C 31. C

32. C　　33. C　　34. A　　35. D　　36. C　　37. A

四、判断题

1. ×　2. √　3. ×　4. √　5. √　6. √　7. ×　8. √　9. √　10. √　11. ×

12. √　13. √　14. ×　15. ×　16. √　17. ×　18. √

五、解释现象

1. 入冬前树干刷白。

答：入冬前树干刷白的主要目的是防冻害,增加光的反射,避免下雪和冰冻的低温以后,树干温度骤然回升使冰晶迅速融化,伤害植物细胞。另外,可杀死树皮中越冬的虫卵,对预防来年病害的发生,提高植物抗病性有一定的作用。因此,刷白既防冻又杀虫。

2. 蔬菜移栽前拔起让其适当萎蔫一段时间再移栽。

答：蔬菜移栽前给予适度的缺水处理,起到促进根系生长,抑制地上生长的作用,使根系发达,植物体内干物质积累较多,叶片保水能力强,渗透调节能力增强,从而提高了抗旱性。

3. 棉花种子用 0.3%～1.2% 的 NaCl 溶液浸种处理可提高其抗盐性。

答：棉花种子用 NaCl 溶液浸种处理,可以将吸收的盐分积累于液泡中,降低细胞水势来防止脱水,从而提高抗盐性。

4. 树干受冻时,通常是向阳面比背阳面受害重。

答：树干遭受冻害时,白天向阳面的温度比背阳面高,到了夜晚降温幅度比背阳面大,冰晶形成多,白天向阳面因温度高解冻速度比背阳面快,冰晶融化快,机械伤害大,造成向阳面比背阳面受害重。

5. 谷类作物生殖器官形成期对干旱较为敏感。

答：谷类作物生殖器官形成期是对水分需求大的时期,对水分的缺乏比较敏感。此时代谢强烈,若出现干旱,导致水分过度亏缺,小穗分化不佳或畸形发育,严重影响生殖器官的形成,产量降低。

6. 植物受水淹后反而出现萎蔫现象。

答：植物受水淹后,发生涝害,造成无氧呼吸,不但产生能量少,而且产生乙醇等有毒物质,使根系中毒受伤,导致根系对水分的吸收速率下降,气孔关闭,蒸腾作用降低,叶片发生萎蔫现象。

六、问答题

1. 简述植物越冬期间的生理生化适应性变化。

答：(1)组织的含水量降低,自由水含量减少,而束缚水的相对含量增高。束缚水/自由水的增加有利于植物抗寒性的加强。

(2)植物的呼吸作用逐渐减弱,消耗减少,有利于糖分等的积累,从而增加渗透调节物质,使抗逆性增强。

(3)脱落酸含量增高,生长停止,进入休眠,代谢降至最低,使抗寒能力显著增强。

(4)细胞内可溶性糖(如葡萄糖、蔗糖等)含量增加。可溶性糖能降低冰点,提高原生质保护能力,保护蛋白质胶体不致遇冷变性凝聚。

(5)植物经低温诱导能活化某些特定基因,合成低温诱导蛋白,如冷响应蛋白、抗冻蛋白、胚胎发育晚期丰富蛋白等。这些新蛋白质能降低细胞液的冰点,有利于植物在冰冻时忍受脱水胁迫,减少细胞冰冻失水。

2. 简述干旱时,植物体内脯氨酸含量大量增加的可能原因及生理意义。

答:(1)脯氨酸(Pro)积累的原因有:①蛋白质合成减慢,参与蛋白质合成的 Pro 量减少;②Pro 合成酶活化,Pro 的合成增加;③Pro 氧化分解减慢(Pro 氧化酶活性降低)。

(2)干旱下,植物体内 Pro 大量积累的生理意义有:①作为渗透物质,保持原生质与环境的渗透平衡,防止失水;②Pro 与蛋白质结合能增强蛋白质的水合作用,增加蛋白质的可溶性,减少可溶性蛋白质的沉淀,保护这些生物大分子结构和功能的稳定;③水分胁迫期间,产生的氨可形成 Pro,起解毒作用;④复水后,脯氨酸可作为氮源被植物直接利用。

3. 论述抗旱植物的形态和生理生化特征,以及提高植物抗旱性的途径。

答:(1)形态特征 ①根系发达、深扎,根冠比大,能有效地吸收利用土壤中的水分,特别是土壤深层水分;②叶片细胞体积小或体积/表面积小,有利于减少细胞吸水膨胀和失水收缩时产生的细胞损伤;③叶片气孔多而小,叶脉较密,输导组织发达,茸毛多,角质化程度高或脂质层厚,有利于水分的贮存与供应,减少水分散失。

(2)生理特征 ①细胞渗透势较低,吸水和保水能力强;②原生质具较高的亲水性、黏性与弹性,既能抵抗过度脱水,又能减轻脱水时的机械损伤;③缺水时,正常代谢活动受到的影响小,合成反应仍占优势,而水解酶类活性变化不大,减少生物大分子的破坏,使原生质稳定,生命活动正常;④合成干旱诱导蛋白,提高植物的抗旱性。

(3)提高植物抗旱性的途径 ①选育抗旱品种是提高作物抗旱性的一条重要途径。②进行抗旱锻炼,如采用"蹲苗""双芽法""搁苗""饿苗"等农业措施。③用化学试剂处理种子或植株,可产生诱导作用,提高植物抗旱性。如用 $0.25\%CaCl_2$ 溶液浸种,或用 $0.05\%ZnSO_4$ 喷洒叶面都有提高抗旱性的效果。④合理施肥,如少施氮素,多施磷钾肥。因为氮素过多对作物抗旱不利,凡是枝叶徒长的作物,蒸腾失水增多,易受旱害,而磷钾肥能促进根系生长,提高植株的保水力。⑤使用生长延缓剂如矮壮素、B_9 等能增强细胞的保水能力,合理使用抗蒸腾剂可降低蒸腾失水。

4. 在抗寒锻炼期间,生物膜结构成分与抗寒性的关系如何?

答:生物膜主要由脂类和蛋白质镶嵌而成,具有一定的流动性。生物膜对低温敏感,其结构成分与抗寒性密切相关。低温下,膜脂会发生相变。膜脂相变温度随脂肪酸链的加长而升高,随不饱和脂肪酸如油酸、亚油酸、亚麻酸等所占比例的增加而降低,不饱和脂肪酸越多,越耐低温。在缓慢降温时,由于膜脂的固化使得膜结构紧缩,降低了膜对水和溶质的透性;温度突然降低时,由于膜脂的不对称性,膜体紧缩不均而出现断裂,造成膜的破损渗漏,透性加大,胞内溶质外流。生物膜对结冰更为敏感,发生冻害时膜的结构被破坏,与膜结合的酶游离而失去活性。此外,低温也会使膜蛋白质大分子解体为亚基,并在分子间形成二硫键,产生不可逆的凝聚变性,使膜受到伤害。经抗寒锻炼后,由于膜脂中不饱和脂肪酸增多,膜相变的温度降低,膜透性稳定,从而可提高植物的抗寒性。同时,细胞内的 $NADPH/NADP^+$ 增高,ATP 含量增加,保护物质增多,可降低冰点,减少低温对膜表面的伤害。

5. 试述逆境胁迫下植物的生理反应。

答:(1)多种不同的环境胁迫作用于植物体时均能对植物造成水分胁迫。一旦出现水分胁迫,植物就会脱水,对膜系统的结构与功能产生不同程度的影响。

(2)在各种逆境胁迫下,植物的光合作用都呈现出下降的趋势,同化产物供应减少。

(3)逆境下,植物呼吸速率大起大落,同时,植物的呼吸代谢途径亦发生变化。如在干旱、感病、机械损伤时,PPP途径所占比例会有所增加。

(4)在各种逆境下,水解酶活性高于合成酶活性,植物体内的物质分解大于物质合成,大量大分子物质被降解,淀粉水解为葡萄糖,蛋白质水解加强,可溶性氮增加。

(5)植物遭受到逆境胁迫,体内氧代谢的动态平衡被打破,活性氧(ROS)在体内积累。ROS在细胞中引起生物膜脂脱酯化和膜脂过氧化作用,使细胞膜系统产生变性,细胞结构与功能受到损伤,甚至导致细胞凋亡。

6.简述生物膜的结构和功能与植物抗逆性的关系。

答:生物膜的透性对逆境的反应非常敏感。当植物遭受逆境时,质膜透性增大,这主要是由于膜脂过氧化、膜蛋白变性及膜脂流动性改变,造成膜相变和膜结构破坏所致。因此,生物膜结构和功能的稳定性与植物的抗逆性密切相关。

(1)冷害对植物的伤害是引起膜相变。增加膜脂中不饱和脂肪酸含量和不饱和度,即提高UFAI,能有效降低膜脂的相变温度,维持膜的流动性,提高植物抗冷性。

(2)冰冻使植物受害是由于细胞结冰引起蛋白质损伤,巯基氧化形成二硫键,破坏蛋白质的结构。因此,提高植物组织抗冻性的基础在于阻止蛋白质分子间二硫键的形成。

(3)高温使植物受害是因为引起膜脂液化,破坏膜的结构,导致膜丧失选择透性与主动吸收的能力。膜脂液化程度与脂肪酸的饱和程度有关,饱和程度越高越不易液化,则耐热性越强。

(4)干旱使植物细胞脱水后,破坏了细胞膜的有序结构。正常状况下膜脂分子呈双层排列,这种排列靠磷脂极性头部与水分子相互连接,所以膜内有一定的束缚水,才能保持这种膜脂分子的双层排列,提高植物抗旱性。

(5)土壤中可溶性盐过多造成植物组织内水分外渗,对植物产生渗透胁迫,造成生理干旱。某些植物细胞原生质对某些盐分的透性很小,根本不吸收或很少吸收某些离子,通过拒盐从而避免盐分的胁迫。

7.论述逆境蛋白可能的生物学意义。

答:逆境蛋白的产生是基因表达的结果。逆境条件使一些正常表达的基因被关闭,而一些与适应性有关的基因被启动。多种逆境都可抑制原来正常蛋白的合成,同时诱导形成新的蛋白质,这些在逆境条件下诱导产生的蛋白质统称为逆境蛋白。逆境蛋白通常可增强植物对相应逆境的适应性。如热预处理后植物的耐热性往往提高;低温诱导蛋白与植物抗寒性提高相联系;病原相关蛋白的合成增加了植物的抗病能力;植物耐盐性细胞的获得也与盐逆境蛋白的产生相一致。有些逆境蛋白与酶抑制蛋白有同源性,有的逆境蛋白与解毒作用有关。从这个意义上讲,逆境蛋白的产生是植物对多变外界环境的主动适应。

8.高温对植物有哪些伤害?

答:(1)直接伤害 主要是蛋白质变性和膜脂液化。

蛋白质变性:高温易使维持蛋白质空间构型的氢键和疏水键断裂,破坏蛋白质的空间构型。

膜脂液化:在高温作用下,构成生物膜的蛋白质与脂类之间的键断裂,使脂类脱离膜而形成一些液化的小囊泡,从而破坏膜的结构,导致膜丧失选择透性与主动吸收的特性。

(2)间接伤害 主要是引起代谢性饥饿、有毒物质累积、蛋白质破坏、生理活性物质缺乏。

代谢性饥饿:植物处于温度补偿点以上的较高温度,呼吸大于光合,在高温下因呼吸增强更易造成饥饿现象。

有毒物质累积：高温时，植物组织无氧呼吸增强，积累乙醛、乙醇等有毒物质；高温抑制氮化物的合成，大量游离 NH_3 积累，毒害细胞。

蛋白质破坏：高温下不仅蛋白质降解加速，而且合成受阻。

生理活性物质缺乏：高温使某些生化反应受阻，植物生长所必需的活性物质(如维生素、核苷酸、激素等)不足，导致生长不良或引起伤害。

9. 简述植物对逆境条件的形态结构适应和生理适应。

答：(1)形态结构适应　根系发达、叶小以适应干旱条件；扩大根部通气组织以适应淹水条件；生长停止，进入休眠，以迎接冬季低温来临等。

(2)生理适应　植物对不良环境的生理适应主要以形成逆境蛋白、增加渗透调节物质和脱落酸含量的方式，减少质膜系统的破坏，提高细胞对各种逆境的抵抗能力。

10. 冷害过程中植物体内的生理生化变化有什么特点？

答：冰点以上低温对植物的危害叫作冷害。冷害对植物细胞的生理生化有许多影响。

(1)膜透性增加　膜的选择透性减弱，使膜内大量溶质外渗。

(2)原生质流动减慢或停止　原生质流动减慢或停止表明 ATP 代谢受到了抑制。

(3)光合速率减弱　低温危害后蛋白质分解加剧，叶绿体分解加速，叶绿素含量下降，加之酶活性又受到影响，因而光合速率明显降低。

(4)呼吸代谢异常　在刚受到冷害时，植物呼吸速率会增高，这是因为呼吸上升，放出的热量多，有利抵抗寒冷。但时间较长以后，呼吸速率便大大降低，这是因为原生质停止流动，氧供应不足，无氧呼吸比重增大。

(5)有机物水解大于合成　不仅蛋白质分解加剧，游离氨基酸的数量和种类增多，而且还积累许多对细胞有毒害的中间产物，如乙醛、乙醇、酚、α-酮酸等。

11. 干旱对植物的生理过程有哪些影响？

答：植物受到旱害后，会造成原生质严重脱水，引起一系列生理生化代谢紊乱，主要危害有：

(1)改变膜的结构与透性　细胞膜在干旱伤害下，失去选择透性，引起胞内氨基酸、糖类物质的外渗。

(2)破坏正常代谢过程　①光合作用显著下降，甚至停止；②呼吸作用因缺水而增强，使氧化磷酸化解偶联，能量多以热的形式消耗，但也有缺水使呼吸减弱的，这些都影响了正常的生物合成过程；③蛋白质分解加强，合成削弱，脯氨酸大量积累；④核酸代谢受到破坏，植株体内的 DNA、RNA 含量下降；⑤干旱可引起植物激素变化，最明显的是 ABA 含量增加。

(3)水分的分配异常　干旱时一般幼叶向老叶吸水，使老叶枯萎死亡。蒸腾强烈的功能叶向分生组织和其他幼嫩组织夺水，使一些幼嫩组织严重失水，发育不良。

(4)原生质体的机械损伤　干旱时细胞脱水，向内收缩，损伤原生质体的结构。如骤然复水，引起细胞质与细胞壁的不协调膨胀，原生质膜被撕破，导致细胞、组织、器官甚至植株死亡。

12. 植物耐盐的生理基础表现在哪些方面？怎样提高植物的抗盐性？

答：(1)植物耐盐的生理基础　植物的耐盐性是指植物通过生理或代谢过程来适应细胞内的高盐环境。

耐渗透胁迫:通过细胞的渗透调节以适应由盐渍产生的水分逆境。植物耐盐的主要机理是盐分在细胞内的区域化分配。有的植物将吸收的盐分离子积累在液泡里,可降低其对功能细胞器的伤害。植物也可通过合成可溶性糖、甜菜碱、脯氨酸等渗透物质,来降低细胞渗透势和水势,从而防止细胞失水。

耐营养缺乏:有些植物在盐渍时能增加 K^+ 的吸收,有的蓝绿藻能随 Na^+ 供应的增加而加大对 N 的吸收,维持营养元素的平衡,耐营养缺乏。

维持代谢稳定:某些植物在较高盐浓度中仍能保持酶活性的稳定,维持正常的代谢;抗盐的植物表现在高盐下往往抑制某些酶的活性,而活化另一些酶,特别是水解酶活性,从而维持正常的代谢。

与盐结合:通过代谢产物与盐类结合,减少离子对原生质的破坏作用。

(2)提高植物抗盐性的途径 主要有选育抗盐性较强的品种、播种前用一定浓度盐溶液浸种、用植物激素处理。①选育抗盐性较强的品种,如在培养基中逐代加 NaCl 的方法,可获得耐盐的适应细胞,适应细胞中含有多种盐胁迫蛋白,从而选育盐胁迫蛋白高或含不饱和脂肪酸高或原生质膜对盐的透性差的品种。②播种前以一定浓度盐溶液浸种,如棉花和玉米用 3‰ NaCl 溶液浸种,可增强作物的耐盐力。③用植物激素处理,如喷施 IAA 或用 IAA 浸种,可促进植物生长和吸水,提高抗盐性。喷施 ABA 能诱导气孔关闭,减少蒸腾作用和盐的被动吸收,提高作物的抗盐能力。

13. 涝害对植物的影响如何? 植物抗涝的生理基础是什么?

答:(1)涝害引起的危害 主要是由于水涝导致缺氧后引发的次生胁迫对植物产生的伤害作用。①水涝缺氧使地上部分与根系的生长均受到阻碍。受涝植株个体矮小,叶色变黄、叶柄偏上生长,根尖发黑。②淹水条件下植物体内乙烯含量增加。③涝害使植物的光合速率显著下降,其原因可能与 CO_2 的吸收及同化产物运输受阻有关;水涝主要影响植物的呼吸,有氧呼吸受抑制,无氧呼吸加强,ATP 合成减少,同时积累大量的无氧呼吸产物(如丙酮酸、乙醇、乳酸等)。④遭受水涝的植物常发生营养失调。一是由于受水涝伤害后,根系活力下降,同时无氧呼吸导致 ATP 供应减少,阻碍根系对离子的主动吸收;二是缺氧使嫌气性细菌(如丁酸菌)代谢活跃,增加土壤溶液酸度,降低其氧化还原势,土壤内形成有害的还原物质(如 H_2S 等),使必需元素 Mn、Zn、Fe 等易被还原流失,造成植株营养缺乏。

(2)植物抗涝的生理基础 ①形态特征。发达的通气系统是强抗涝性植物最明显的形态特征。通过这些发达的通气组织可以将地上部分吸收的 O_2 输送到根部或缺氧部位。②生理特征。抗涝主要是抗缺 O_2 带来的危害。某些植物在淹水时改变呼吸途径,开始缺 O_2 刺激糖酵解途径,但以后磷酸戊糖途径占优势,从根本上消除有毒物质的形成;水稻根内乙醇氧化酶活性很高,可减少乙醇的积累;提高有氧呼吸的能力,玉米根缺 O_2 时,通过细胞色素 c 的活性提高来维持线粒体膜上的电子传递。淹水缺氧产生新的厌氧蛋白质或多肽。厌氧多肽中有一些是糖酵解与糖代谢的调节酶,这些酶的出现促进 ATP 的产生,供应能量,也可通过调节碳代谢,避免有毒物质的形成和累积。

14. 病害对植物的生理生化过程有哪些影响? 作物抗病的生理生化基础是什么?

答:(1)植物感病后生理生化方面的变化

①水分平衡失调 常以萎蔫或猝倒为特征。造成水分失调的原因主要有:根被病菌损坏,不能正常吸水;维管束被病菌或病菌引起的代谢产物(胶质、黏液等)堵塞,水流阻力增大;

病菌破坏了原生质结构,透性加大,蒸腾失水过多。

②呼吸作用加强　感病组织一般比健康组织的呼吸增高,且感病后氧化磷酸化解偶联,部分能量以热能形式释放,所以感病组织的温度升高。

③光合作用下降　感病后植物叶绿体遭破坏,叶绿素含量减少,光合速率显著下降。

④激素发生变化　IAA、ETH 大量合成,GA、ABA、JA、SA 等也有变化。

⑤同化物运输受干扰　感病后同化物比较多的运向病区,糖输入增加和病区组织呼吸提高是相一致的。

(2)作物抗病的生理基础

①形态结构屏障　许多植物外部都有角质层保护,坚厚的角质层能阻止病菌侵入机体组织。

②组织局部坏死　植物感病后产生过敏性组织坏死,使有些只能寄生于活细胞的病原真菌死亡。

③病菌抑制物　a.植物体原本就含有一些对病菌有抑制作用的物质,使病菌无法在寄主中生长,如原儿茶酸、儿茶酚、绿原酸、生物碱、单宁等都有一定的抗病作用。b.合成植保素。病菌侵染后,植物合成与抗病有关的化学物质,如避杀酊、多酚类、萜类等物质。

④诱导产生病原相关蛋白(PR)　PR 是植物被病原菌感染或一些特定化合物处理后新产生(或累积)的蛋白。有的 PR 具有水解酶活性,通过对病原菌菌丝的直接裂解作用而抑制病原菌菌丝对植物的进一步侵染。

⑤加强氧化酶的活性　如加强抗坏血酸氧化酶、过氧化物酶等氧化酶的活性,这些氧化酶可以分解毒素,促使伤口愈合,抑制病菌水解酶活性。

⑥产生免疫反应　如果先用无致病力的菌株或死的病菌给植物接种,植物就会产生对病原菌有毒杀作用的物质。

15. 什么是植物抗逆性的获得与信号转导? 有哪些主要信号分子参与逆境信号转导?

答:植物通过细胞感受逆境信号、传导逆境刺激、激活一系列分子途径并调控相关基因表达和生理反应等三个阶段适应逆境,在逆境中获得抗逆性,称为植物抗逆性的获得与信号转导。

参与逆境信号转导的主要信号分子有 Ca^{2+}、蛋白激酶、H^+(pH)、ABA、ROS 和 NO 等,它们作为信号转导的参与者,参与植物抗逆反应。

16. 植物在环境保护中有哪些作用?

答:植物在环境保护中的作用有:

(1)吸收和分解有毒物质　通过植物本身对各种污染物的吸收、积累和代谢作用,分解有毒物质,减轻污染。污染物被植物吸收后,有的分解成为营养物质,有的形成络合物,从而降低了毒性。

(2)净化环境　植物通过光合作用可吸收 CO_2,释放氧气,维持大气中 CO_2 和 O_2 的平衡。水域中藻类繁生污染水源,如在水中种植水葫芦就可抑制藻类生长,净化水质。

(3)天然吸尘器　植物叶片表面的茸毛、皱纹及分泌的油脂等可以阻挡、吸附和黏着粉尘。

(4)杀灭细菌　有的植物如松树、桉树、柏树、樟树等可分泌挥发性物质,杀灭细菌,从而有效减少大气中细菌数。

(5)监测环境污染　利用植物对某些污染物的高度敏感性,即在很低剂量情况下植物就表现出受害症状来进行环境监测和生物报警。如唐菖蒲是一种对 HF 非常敏感的植物,可用来监测大气中 HF 的浓度变化。

17. 什么叫植物的交叉适应?交叉适应的植物有哪些特点?

答:(1)植物经历了某种逆境后,能提高对另一些逆境的抵抗能力,这种对不良环境之间的相互适应作用,称为植物的"交叉适应"。如低温或高温等刺激都可提高植物对水分胁迫的抵抗力;干旱或盐处理可提高水稻幼苗的抗冷性。

(2)交叉适应的植物有以下特点:①多种保护酶的参与,如超氧化物歧化酶、谷胱甘肽还原酶、抗坏血酸过氧化物酶都参与植物的抗性反应。②在多种逆境条件下,植物体内的脱落酸、乙烯等激素含量都增加,从而提高对多种逆境的抵抗能力。③产生逆境蛋白。一种逆境可使植物产生多种逆境蛋白,多种逆境可使植物产生同样的逆境蛋白,如缺氧、水分胁迫、盐、亚砷酸盐和镉等都能诱导热激蛋白(HSP)的合成,多种病原菌、乙酰水杨酸、几丁质等都能诱导病原相关蛋白的合成。④在多种逆境条件下,植物都会积累脯氨酸等渗透调节物质,通过渗透调节作用来提高对逆境的抵抗能力。⑤在多种逆境条件下,生物膜的结构和透性发生相似的变化,多种膜保护物质可能发生类似的反应,使细胞内自由基的产生和清除达到动态平衡。⑥在一种逆境下植物生长受到抑制,各种代谢发生相应变化,从而减弱了对胁迫条件的敏感性,故对另一种胁迫可能导致的危害有更大的适应性。

18. 试述植物抗虫的机制以及提高植物抗虫性的途径。

答:(1)植物抗虫的机制　①拒虫性的形态解剖结构和特性。主要是通过物理方式抗虫,包括干扰昆虫对寄主的选择、取食、消化及交配、产卵。如棉花叶、蕾、铃上的花外蜜腺含有促进昆虫产卵的物质,无花外蜜腺的棉花品种至少减少昆虫 40% 的产卵量,因而是一个重要的抗虫性状。又如植物体内的番茄碱、茄碱等生物碱均对幼虫取食起抗拒、阻止作用,直至昆虫饥饿死亡。②抗虫性的生理生化特性。有些昆虫具有偏嗜食物营养的弱点,当植物体内缺乏该营养物质时,就可成为抗虫特性之一。更多的抗虫性表现为植物腺体毛分泌物、次生代谢物对昆虫有毒,昆虫食用后,引起慢性中毒,直至死亡。如许多新抗虫棉,中棉 21、华棉 101 棉酚和单宁含量高,可抗红铃虫、棉铃虫和棉蚜。③植物的抗虫性不是绝对的,经常受到气候条件和栽培条件的影响。光照弱、温度过高或过低都会使植物抗虫性明显降低,甚至丧失。如在光照减弱的情况下,茎秆硬度降低,原来具有抗性的实秆小麦抗虫性下降显著。栽培过密,通风透气差也会导致植物抗虫性下降,害虫就会大量发生,稻飞虱就是如此。

(2)提高植物抗虫性的途径　①采用生物技术培育抗虫品种,如转 Bt 基因抗虫棉、转 Bt 基因玉米等,将成为提高作物抗虫性的重要手段。②栽培密度适当,控制氮肥使用,保证田间作物通风透光,健壮生长,可有效提高作物抗虫性。③缺钾、缺钙会降低植物的抗虫性,因此,合理施肥是提高植物抗虫性的重要措施。④根据某些害虫的为害物候期,可通过适当早播或迟播来提高植物的生态抗虫性。

19. 大气污染物主要有哪些?它们对植物有哪些危害?

答:大气污染物主要是燃料燃烧时排放的废气,工业生产中排放的粉尘、废气及汽车尾气等。大气中污染物种类很多,主要大气污染物有二氧化硫、氟化物、氯气、NO_x、臭氧、PAN 等。

(1)SO_2 对植物的危害　SO_2 是我国目前最主要的大气污染物,排放量大,危害严重。如

果空气中 SO_2 浓度大,并遇上雾等天气就形成酸雨,酸雨对植物和土壤的危害更大。

①伤害症状:针叶树先从叶尖黄化;阔叶树先从脉间失绿,后转为棕色,坏死斑点逐步扩大,最后全叶变白脱落;单子叶植物由叶尖沿中脉两侧产生褪色条纹,逐渐扩展到全叶枯萎。SO_2 伤害的典型特征是受害的伤斑与健康组织的界线十分明显。

②危害机理:a. SO_2 是一种还原性很强的酸性气体,进入植物组织后可变成 H_2SO_3,使叶绿素变成去镁叶绿素而丧失功能,而且 H_2SO_3 与光合初产物或有机酸代谢产物(醛)反应生成羟基磺酸,抑制气孔开放、CO_2 固定和光合磷酸化,干扰有机酸和氮代谢;b. SO_2 破坏生物膜的选择透性,使 K^+ 外渗,既破坏细胞内离子平衡,又使气孔调节开闭的灵敏度下降;c. SO_2 破坏蛋白质的二硫键,使原生质、膜蛋白及酶活性受到影响;d. SO_2 也通过诱导产生氧自由基对植物产生危害。

(2)氟化物对植物的危害　氟化物包括氟化氢(HF)、四氟化硅(SiF_4)和氟气(F_2)等。

①伤害症状:植物受到氟化物危害时,叶尖、叶缘出现伤斑,受害叶组织与正常叶组织之间常形成明显界限。未成熟叶片更易受害,枝梢常枯死,严重时叶片失绿、脱落。

②危害机理:a. 干扰代谢。氟是一些酶的抑制剂,从而干扰代谢。b. 影响气孔运动,影响水分平衡。HF 会使气孔扩散阻力增大,孔口变狭。c. 降低光合速率。氟可使叶绿素合成受阻,叶绿体结构被破坏,光合速率下降。

(3)氯气对植物的危害　Cl_2 进入叶片后很快使叶绿素破坏,形成褐色伤斑,严重时全叶漂白、枯卷,甚至脱落。

(4)NO_x 对植物的危害　NO_x 是大气污染中的氮氧化物(包括 NO_2、NO 和硝酸雾)的主要成分。它由气孔进入叶肉组织,很容易被吸收。而且浓度越高吸收越快,伤害也越重。

①伤害症状:最初叶片表面出现不规则水渍状伤斑,随后扩展到全叶,并产生不规则白色、黄褐色的坏死小斑点。严重时叶片失绿、褪色进而坏死。黑暗或弱光下植物更易受害。

②危害机理:a. 对细胞的直接伤害。NO_2 抑制酶活力,影响膜的结构,导致膜透性增大,还原能力降低。b. 产生活性氧的间接伤害。产生大量的活性氧,可引起膜脂过氧化作用,对叶绿体膜造成伤害,叶片褪色,光合速率下降。

(5)臭氧对植物的危害　臭氧(ozone,O_3)是光化学烟雾中的主要成分,所占比例最大。O_3 是强氧化剂,多方面危害植物的生理活动。a. 破坏质膜。O_3 能氧化膜中蛋白质和不饱和脂肪酸而使膜结构破坏,导致细胞内含物外渗。b. 破坏细胞正常氧化还原过程。O_3 能把—SH 氧化成—S—S—键,破坏以—SH 为活性基团的酶类(如多种脱氢酶),影响细胞内的各种代谢过程。c. 抑制光合作用。O_3 既阻碍叶绿素的合成又破坏叶绿素的结构,使光合速率下降。d. 改变呼吸途径。O_3 抑制糖酵解,促进磷酸戊糖途径,有利于酚类化合物的形成(通过莽草酸途径)。而酚类化合物易被氧化成棕红色物质醌类,因此受 O_3 的伤害,有些植物呈棕色、红色或褐色。

(6)PAN 对植物的危害　硝酸过氧化乙酰(peroxyacetyl nitrate,PAN)是硝酸过氧化酰基类的一种,毒性很强。

①伤害症状:初期叶背面呈银灰色或古铜色斑点,严重时变成褐色且扩展到叶片上表面。

②危害机理:抑制光合磷酸化和 CO_2 的固定,使光合作用下降;氧化蛋白质—SH 基,造成酶失活,代谢受到影响。

20．简述脱落酸与植物抗逆性的关系。外施 ABA 提高植物抗逆性的原因是什么？

答：(1)一般认为，ABA 是一种胁迫激素。在逆境条件下，ABA 通过诱导特异基因的表达广泛参与植物对环境胁迫(如干旱、低温、盐碱等)的响应过程，调节植物对胁迫环境的适应。在低温、高温、干旱和盐害等多种胁迫下，体内 ABA 含量大幅度升高。这种现象的产生，是由于逆境胁迫增强了叶绿体膜对 ABA 的通透性，并加快根系合成的 ABA 向叶片的运输及积累所致。ABA 主要通过关闭气孔，减少蒸腾失水，保持组织内的水分平衡，增强根的吸水性和提高水的通导性等来增加植物的抗性。

(2)外施适当浓度的 ABA 溶液可以提高植物的抗逆性，可能原因是：①提高膜脂不饱和度，使生物膜稳定，减少膜的伤害；②延缓 SOD、CAT 等酶活性的下降，阻止体内自由基的过氧化作用，降低丙二醛(malondialdehyde，MDA)等积累，使质膜受到保护；③促进渗透调节物质脯氨酸、可溶性糖等的增加及促进气孔关闭等。

21．植物氧代谢失调会引起哪些伤害？

答：氧气是植物生命活动的必需条件，但氧在参与新陈代谢的过程中会被活化成活性氧，活性氧具有很强的氧化能力，对许多大分子的结构具有破坏作用，因此活性氧的积累必然导致对细胞的伤害：

(1)抑制生长　当环境中的氧浓度超过正常空气含量时，植物的生长会受到明显的抑制。且随着氧浓度的增大对生长的抑制增强。高浓度氧对生长的抑制或伤害是通过诱导植物体内活性氧的积累引起的。加入活性氧清除剂(如没食子酸丙酯、甘露醇等)则能降低高氧逆境对生长的抑制。

(2)损伤细胞结构与功能　高氧逆境能诱导活性氧的产生，因而会引起细胞结构和功能的损伤。如导致叶绿体膨胀，基粒松散或崩裂，光合能力降低等。

(3)诱发膜脂过氧化作用　膜脂过氧化是指生物膜中不饱和脂肪酸在自由基诱发下发生的过氧化反应，其结果不仅使膜中不饱和脂肪酸含量降低，引起膜流动性下降以致膜透性增大，膜的正常功能破坏，而且膜脂过氧化产物 MDA 等也能直接对细胞起毒害作用。

(4)对生物大分子的损伤　活性氧具有很强的氧化能力，对许多生物大分子具有破坏作用。·OH 既能破坏蛋白质的一级结构，又能造成二、三级结构的损伤。$O_2^-·$，·OH 可导致多种酶失活，其原因是：①与 MDA 一样，可使酶分子间发生交联、聚合，导致酶失活；②$O_2^-·$、·OH 能攻击—SH，而—SH 是多种酶活性中心的组成基团，因而使酶不可逆失活；③氧自由基可通过氧化修饰酶蛋白的不饱和氨基酸或与酶分子中金属离子起反应导致酶失活。

此外，O_2^- 对大分子 DNA 有剪切、降解和修饰作用，因而也能引起 DNA 结构的损伤。

22．环境污染中的"五毒"是什么？它们是如何危害植物的？

答：通常讲环境污染中的"五毒"是指酚、氰、铬、汞、砷。其中，酚损害细胞质膜，破坏膜的选择透性，影响植物对水分、矿质元素的吸收和代谢，导致根腐烂，叶片发黄，生长受阻。氰化物抑制细胞色素氧化酶、抗坏血酸氧化酶的活性，使呼吸作用受阻，植株生长不良，分蘖少，植株矮小，甚至停止生长。铬导致水稻叶鞘出现褐斑，叶片失绿枯黄，根系发育不良，植株矮小。汞破坏叶绿素，叶子发黄，光合速率明显下降，植株矮小，根系不发达，分蘖受抑制。砷可使叶片变为绿褐色，叶柄基部出现褐色斑点，根系发黑，植株枯萎。

23．写出植物体内能消除自由基的抗氧化物质与抗氧化酶类。

答：(1)抗氧化物质有：锌、硒、巯基化合物(如谷胱甘肽、半胱氨酸等)、类胡萝卜素、维生素 A、维生素 C、维生素 E、辅酶 A、辅酶 Q、甘露醇、山梨醇等。

（2）抗氧化酶类有：超氧化物歧化酶、过氧化物酶、过氧化氢酶、谷胱甘肽过氧化物酶、谷胱甘肽还原酶等。

24. 植物在逆境下可以合成哪些逆境蛋白？它们有什么生理功能？

答：植物在逆境条件下合成的逆境蛋白有热激蛋白、低温诱导蛋白、渗调蛋白、病程相关蛋白。

热激蛋白（HSP）可以和受热激伤害后变性的蛋白质结合，维持它们的可溶状态或使其恢复原有的空间构象和生物活性。热激蛋白也可以与一些酶结合成复合体，使这些酶的失活温度明显提高。

低温诱导蛋白又称为冷响应蛋白、冷激蛋白，与植物抗寒性的提高有关。由于这些蛋白具有高亲水性，所以具有减少细胞失水和防止细胞脱水的作用。

渗调蛋白有利于降低细胞的渗透势和防止细胞脱水，因而可以提高植物的抗盐性和抗旱性。

病程相关蛋白（PR）与植物局部和系统诱导抗性有关，还能抑制真菌孢子的萌发，抑制菌丝生长，诱导与其他防卫系统有关的酶的合成，提高植物抗病能力。

25. 说明遭受冷害后植物死亡的原因。

答：植物遭受冷害后，主要是损伤膜系统。在正常条件下，膜具有流动性。当遇到低温后，膜中的磷脂由液相变为固相，降低膜对水与溶质的透性，造成代谢受阻。由于膜相的改变使膜上的酶蛋白与膜中磷脂的结合减弱，导致与膜结合的酶解离或使酶亚基分解而失去活性。此外，在温度骤然下降与回升时，由于膜体不对称，会产生不均衡收缩，造成膜断裂，细胞发生渗漏，从而产生直接伤害。

26. 简述冷害、冻害、热害、旱害、盐害中生物膜的变化特点。

答：冷害——膜脂由液晶态转变为凝胶态。

冻害——质膜上 H^+-ATP 酶活性降低或消失。

热害——生物膜功能键断裂，膜蛋白变性，膜脂分子液化，膜结构破坏。

旱害——膜双层结构被破坏，出现孔隙，大量溶质外渗。

盐害——膜结构破坏，功能改变，细胞内的 K^+、磷和有机溶质外渗。

植物生理学模拟试卷 I

考试形式：_____

适用专业：_____

题　号	一	二	三	四	五	六	总　分
得　分							

得分	评阅人

一、名词解释(每小题 2 分，共 20 分)

1. 水势

2. 单盐毒害

3. 光合磷酸化

4. 爱默生效应

5. 光补偿点

6. 呼吸跃变

7. 三重反应

8. 植物的光形态建成

9. 光周期诱导

10. 交叉适应

得分	评阅人

二、填空题(每小空 0.5 分,共 20 分)

1. 水在植物体内移动有_____和_____两种形式,水的共质体运输以及叶片的蒸腾作用都是_____形式,而植物维管束中水的流动主要是_____形式。

2. 通常把 H^+-ATP 酶泵出 H^+ 的过程称为_____,而以 H^+ 电化学势差作为动力的离子转运称为_____。

3. 光合作用原初反应的主要步骤是光能的_____、_____与_____。

4. 假环式光合电子传递是指水中的电子经 PSⅡ和 PSⅠ传递给 Fd 后再传递给_____的电子传递过程,也叫作_____。

5. 高等植物光合作用电子传递的最终受体是_____。

6. 植物呼吸代谢的多样性表现在_____、_____和_____。

7. 影响植物呼吸作用的外界因素主要有_____、_____、_____和_____。

8. 细胞分裂素的生理作用有_____、_____、_____。

9. 促进器官衰老、脱落的植物激素是_____和_____。

10. 许多肉质果实在成熟时其呼吸作用出现_____,这个现象称为_____,已查明激素_____与这一过程有密切的关系。

11. 植物胞内信号传递系统有_____、_____和_____等。

12. 植物生长的相关性主要表现在_____的相关性、_____的相关性、_____的相关性。

13. 短日植物是在日长_____临界日长条件下开花或促进开花的植物;长日植物是在日长_____临界日长条件下开花或促进开花的植物。

14. 光敏色素有两种可以相互转化的构象形式:_____和_____。

15. 植物自由基清除酶系统主要包括_____、_____、_____和谷胱甘肽氧化酶(GSH-PX)。

得分	评阅人

三、单项选择题(每小题 1 分,共 10 分)

1. 目前认为,植物保卫细胞中水势的变化与_____有关。

(A) SO_4^{2-}　　　　(B) CO_2　　　　(C) Na^+　　　　(D) K^+

2. 在气孔张开时,水蒸气分子通过气孔的扩散速度( )。

(A)与气孔面积成正比　　　　(B)与气孔周长成正比

(C)与气孔密度有关　　　　　　　　　(D)与叶片形状有关

3. 油菜"花而不实"、甜菜的"心腐病",常因缺( )。

(A)Cu　　　　　　(B)Mo　　　　　　(C)B　　　　　　(D)P

4. 用砂培法培养番茄幼苗,若幼叶明显表现出缺绿症,有可能是缺乏( )。

(A)N　　　　　　(B)Fe　　　　　　(C)P　　　　　　(D)Mg

5. C_4植物的CO_2受体是( )。

(A)磷酸烯醇式丙酮酸　　　　　　　　(B)1,3-二磷酸甘油酸

(C)羟基丙酮酸　　　　　　　　　　　(D)甘油酸

6. 叶绿体色素中,属于反应中心色素的是( )。

(A)少数特殊状态的叶绿素 a　　　　　(B)叶绿素 b

(C)胡萝卜素　　　　　　　　　　　　(D)叶黄素

7. 光呼吸的底物是( )。

(A)丝氨酸　　　　(B)乙醇酸　　　　(C)甘油酸　　　　(D)苹果酸

8. 烟草愈伤组织培养中,愈伤组织分化成根或芽取决于培养基中的( )。

(A)CTK/ABA　　(B)IAA/GA　　(C)CTK/IAA　　(D)IAA/ABA

9. 外界环境条件不适宜引起的植物休眠称为( )。

(A)自发休眠　　　(B)深休眠　　　　(C)强迫休眠　　　(D)内因休眠

10. 花粉管朝胚囊方向生长属于( )。

(A)向重力性运动　　(B)偏向性运动　　(C)向化性运动　　(D)感性运动

得分	评阅人

四、判断题(对者打√,错者打×,每小题 1 分,共 10 分)

1. 植物体内水分、矿物质及有机物的长距离运输主要在质外体中进行。( )

2. 蒸腾作用旺盛的玉米和棉花中,水分移动以质外体途径为主。( )

3. 乙烯合成的直接前体物质是 ACC。( )

4. 卡尔文循环中的 PEP 羧化酶对CO_2的亲和力比 RuBP 羧化酶高。( )

5. 衰老或成熟引起的器官脱落是不正常脱落,这是植物对外界环境的适应特性。( )

6. 植物生长物质都是植物激素。( )

7. 氮肥和水充足时,植物的根冠比降低。( )

8. 光合链中的质体醌既是氢传递体又是电子传递体。( )

9. 对植物开花来说,临界暗期比临界日长更为重要。( )

10. 绿色植物的气孔都是白天开放,夜间关闭的。( )

得分	评阅人

五、简答题(每小题 4 分,共 20 分)

1. 简述光对植物生长的影响。

2. 简述生长素的生理效应。

3. 为什么蚕豆种植过密,引起落花落荚?

4. 为什么"贪青晚熟"的作物减产?

5. 从生理学角度解释"根深叶茂"。

得分	评阅人

六、论述题(共 20 分)

1. 光合作用的光反应和暗反应是在叶绿体哪部分进行的?可分哪几个主要阶段?光反应和暗反应的终产物分别有哪些物质?(10 分)

2. 植物生理学在现代植物生产业中的应用体现在哪些方面?(10 分)

植物生理学模拟试卷 I 参考答案

一、名词解释(每小题 2 分,共 20 分)

1. 水势:指在等温等压下,体系中每偏摩尔体积的水与纯水之间的化学势差。表示水分子发生化学反应的本领及转移的潜在能力。

2. 单盐毒害:植物被培养在某种单一的盐溶液中,不久即呈现不正常状态,最后死亡。这种现象叫单盐毒害。

3. 光合磷酸化:由光驱动的光合电子传递所偶联的将 ADP 和无机磷合成 ATP 的过程。

4. 爱默生效应:红光和远红光协同作用而增加光合效率的现象,称为爱默生效应或双光增益效应。

5. 光补偿点:在光饱和点以下,光合速率随光照强度的减小而降低,到某一光强时,光合作用中吸收的 CO_2 与呼吸作用中释放的 CO_2 达动态平衡,这时的光照强度称为光补偿点。

6. 呼吸跃变:当叶片或果实成熟到一定程度,其呼吸速率突然增高,然后又突然下降,这种现象称为呼吸跃变。

7. 三重反应:乙烯可抑制茎伸长生长(变短),促进茎加粗生长(变粗),使地上部分失去负向地性生长(偏上生长/横向生长)。

8. 植物的光形态建成:依赖光控制细胞的分化、结构和功能的改变,最终汇集成组织和器官的建成,称为植物的光形态建成,或称光控发育作用。

9. 光周期诱导:达到一定生理年龄的植株,只要经过一定时间适宜的光周期处理,以后即使处在不适宜的光周期条件下,仍然可以长期保持刺激的效果而诱导植物开花,这种现象称为光周期诱导。

10. 交叉适应:植物经历某种逆境后,能提高对另一些逆境的抵抗能力,这种对不良环境间的相互适应作用称为交叉反应。

二、填空题(每小空 0.5 分,共 20 分)

1. 扩散,集流,扩散,集流。

2. 初级主动转运,次级主动转运。

3. 吸收,传递,转换。

4. O_2,梅勒反应(Mehler's reaction)。

5. $NADP^+$。

6. 呼吸途径的多样性,呼吸链的多样性,呼吸途径末端氧化酶系统的多样性。

7. 温度,O_2,CO_2,H_2O(其他因素,合理也可以)。

144

8. 促进细胞分裂,延缓衰老,促进侧芽发育(写出三个即可)。

9. 脱落酸,乙烯。

10. 呼吸强度突然增高然后又突然下降,呼吸跃变,乙烯。

11. 钙信号系统,肌醇磷脂信号系统,cAMP信号系统。

12. 地上部与地下部,顶端生长与侧芽生长,营养生长与生殖生长。

13. 短于,长于。

14. 红光吸收型(Pr),远红光吸收型(Pfr)。

15. 超氧化物歧化酶(SOD),过氧化氢酶(CAT),过氧化物酶(POD)。

三、单项选择题(每小题1分,共10分)

1. D 2. B 3. C 4. B 5. A 6. A 7. B 8. C 9. C 10. C

四、判断题(对者打√,错者打×,每小题1分,共10分)

1. × 2. √ 3. √ 4. × 5. × 6. × 7. √ 8. √ 9. √ 10. ×

五、简答题(每小题4分,共20分)

1. 简述光对植物生长的影响。

答:光对植物生长的影响,主要表现在下列几方面:①光是光合作用的能源和启动者,为植物的生长提供有机营养和能源。②光对植物表现出形态建成作用。叶的伸展扩大,茎的高矮、分枝多少、长度,根冠比等都与光照的强弱和光质有关。③光照与植物的花诱导有关。长日植物只有在长日照条件下才能成花,短日植物则是在短日照条件下成花。④日照时间影响植物生长和休眠。绝大多数多年生植物都是长日照条件促进生长,短日照条件诱导休眠,休眠芽即是在短日照条件下诱导形成的。⑤光影响种子萌发。需光种子的萌发受光照的促进,而嫌光种子的萌发则受光的抑制。此外,光对植物的生长还有许多影响,例如光照影响叶绿素的形成,光影响植物细胞的伸长生长。

2. 简述生长素的生理效应。

答:(1)促进生长。生长素对植物生长的作用有三个特点:①双重作用;②不同器官对生长素的敏感性不同;③对离体器官和整株植物效应不同。

(2)促进侧根和不定根的发生。

(3)对养分的调运作用。

(4)广泛参与其他生理过程,如促进维管系统的分化,促进菠萝开花和瓜类植物雌花的形成,促进果实发育与单性结实,保持植物的顶端优势,促进形成层细胞向木质部细胞分化,促进光合产物的运输、叶片的扩大和气孔的开放等。此外,生长素还可抑制花朵脱落、叶片老化和块根形成等。

3. 为什么蚕豆种植过密,引起落花落荚?

答:蚕豆群体下层的光照较弱,处于光补偿点以下(2分),植物呼吸作用大于光合作用,引起营养不良,落花落荚(2分)。

4. 为什么"贪青晚熟"的作物减产？

答：因为营养生长和生殖生长的相关性，营养生长过于旺盛，抑制生殖生长，导致作物减产。

5. 从生理学角度解释"根深叶茂"。

答：指的是地上部分和地下部分的依赖关系。根系生长良好，为枝叶提供充足的水和矿质元素供给，则地上部分的枝叶也较茂盛；同样，地上部分生长良好，光合作用形成的同化物向下运输，促进根系生长。

六、论述题（共20分）

1. 光合作用的光反应和暗反应是在叶绿体哪部分进行的？可分哪几个主要阶段？光反应和暗反应的终产物分别有哪些物质？（10分）

答：光合作用的光反应是在叶绿体的类囊体膜上进行的，可分为原初反应、水的光解和光合电子传递、光合磷酸化三大步骤。光反应除释放氧，还形成高能化合物 ATP 和 NADPH，两者合称同化力，光能就累积在同化力中（5分）。

光合作用的暗反应是在叶绿体的基质中进行的，可分为 CO_2 的固定、初产物的还原、光合产物的形成和 CO_2 受体 RuBP 的再生四大阶段。光合碳同化的最初产物是三碳糖，即 3-磷酸甘油醛，最后形成蔗糖或淀粉（5分）。

2. 植物生理学在现代植物生产业中的应用体现在哪些方面？（10分）

答：植物生产业（广义上的农业）包括农业、林业、园艺业、畜牧业（草业）等以植物生产为对象的多个行业，植物生理学源于这些行业，又为这些行业的发展提供源源不断的推动力。

（1）植物生理学与农作物生产　植物生理学最突出的贡献是对农作物生产的影响。20世纪中期，从提高光合效率出发培育出的矮秆、紧凑型作物品种引起作物生产的"绿色革命"，使小麦、水稻、玉米等的产量大幅度提高。而通过细胞融合、基因工程等新的育种技术完全有可能培育出光合效率更高的农作物新品种。

植物抗性生理及相关分子生物学的研究，使植物抵抗旱、涝、盐、冷、热、病的生理和分子机理逐渐明朗，培育各种高抗逆农作物不仅可以大幅度提高粮食总产，还有可能使荒漠、盐滩变为生态绿洲。

植物矿质营养、设施栽培和薄膜覆盖技术的研究与应用，使得蔬菜反季节栽培、无土工业化生产成为可能，并对合理施肥、提高作物产量做出了贡献。

植物生长发育代谢调控机制的研究，结合分子育种技术，有可能有目的地改造农作物的物质代谢调控，从而达到改善农产品营养品质的目的。

（2）植物生理学与园林业生产　植物激素的研究推动了生长调节剂的人工合成及应用，为打破休眠、控制生长、调节花果形成、防止花果等器官脱落、促进插条生根等开辟了新途径。

细胞全能性理论的确立和组织培养技术的发展，为发展花药育种、原生质体培养、细胞杂交融合、基因导入等育种新方法提供了基础，为花卉、果树和林木的工厂化快速繁殖、脱除病毒等提供了可靠途径。

果树的矮化密植也得益于植物生理学有关发育调控和光合作用等的研究成果。

（3）植物生理学与农产品的贮藏保鲜　农产品收获后的贮藏保鲜技术主要是依据植物呼

吸过程的调控原理而建立起来的。在低温、干燥、低氧等环境条件下,植物组织、器官的呼吸作用得到有效抑制,从而可以有效延长农产品的贮藏时间。同时,植物生物技术的发展和果蔬采后生理生化变化及调控机理的研究,通过控制乙烯的合成、培育耐贮存品种等,结合环境因素的控制,使农产品较长期保质、保鲜成为现实。

总之,植物生理学与生产实践具有多方面的密切关系,未来植物生理学的应用将不仅在产量方面,而且更多地在品质方面为人类生活做出巨大贡献。

植物生理学模拟试卷 Ⅱ

考试形式：_____

适用专业：_____

题　号	一	二	三	四	五	六	总　分
得　分							

得分	评阅人

一、名词解释(每小题 2 分,共 20 分)

1. 蒸腾系数

2. 硝酸还原酶

3. 呼吸链

4. 天线色素

5. 激素受体

6. 顶端优势

7. 植物的光形态建成

8. 脱落的生长素梯度学说

9. 抗性锻炼

10. LEA 蛋白

得分	评阅人

二、填空题（每小空 0.5 分，共 20 分）

1. 一个典型的植物细胞的水势等于＿＿＿＿＿＿＿；细胞水势不是固定不变的，ψ_p 及 ψ_s 随含水量增加而＿＿＿＿＿，细胞吸水能力则相应＿＿＿＿＿。当细胞吸水达紧张状态，$\psi_w＝0$ 时，即使细胞在＿＿＿＿＿中亦不能吸水。

2. 越干旱的土壤其水势越＿＿＿＿；一般植物正常生长的土壤，其水势比植物的水势＿＿＿＿。

3. 高等植物所含有的光合色素可分为＿＿＿＿＿、＿＿＿＿＿两类。

4. 有机物总的分配方向是由＿＿＿＿到＿＿＿＿。

5. 证明高等植物光合作用中存在两个光系统的主要实验证据是＿＿＿＿＿＿＿＿。

6. CAM 植物表现出夜间＿＿＿＿＿减少，＿＿＿＿＿增加，＿＿＿＿＿变酸，而白天则＿＿＿＿＿减少，＿＿＿＿＿增加，酸性减弱的光合碳代谢类型。

7. 使无氧呼吸停止进行的最低氧含量称为＿＿＿＿＿，一般浓度为＿＿＿＿＿。

8. 乙烯的"三重反应"现象：＿＿＿＿＿、＿＿＿＿＿和＿＿＿＿＿。

9. 甲瓦龙酸在长日照条件下形成＿＿＿＿＿，在短日照条件下形成＿＿＿＿＿。

10. 生产上应用最多的人工合成生长素类物质主要有＿＿＿＿＿、＿＿＿＿＿、和＿＿＿＿＿等。

11. 叶片脱落的部位在＿＿＿＿＿，与脱落有密切关系的酶是＿＿＿＿＿和＿＿＿＿＿。

12. 逆境下植物体内大量上升的物质有＿＿＿＿＿和＿＿＿＿＿，植物抗寒性的主要保护物质是＿＿＿＿＿。

13. 干旱通常可分为大气干旱、＿＿＿＿＿干旱和＿＿＿＿＿干旱三类。

14. 油料种子在形成脂肪的过程中，先形成＿＿＿＿＿，再形成＿＿＿＿＿。

15. 研究发现，＿＿＿＿＿与抗旱性存在一定相关，因为该氨基酸既可解除＿＿＿＿＿的毒害，还能增强细胞的＿＿＿＿＿能力。

得分	评阅人

三、单项选择题（每小题 1 分，共 10 分）

1. 把 $\psi_s＝－1.2\ MPa$、$\psi_p＝0\ MPa$ 的细胞放入纯水中，设细胞体积无变化，在达到平衡时（　　）。

(A) $\psi_w＝\psi_p$　　　(B) $\psi_p＝1.2\ MPa$　　　(C) $\psi_w＜\psi_s,\psi_p＜0\ MPa$　　　(D) $\psi_p＝0\ MPa$

2. NH_4NO_3 是一种（　　）。

(A) 生理酸性盐　　　(B) 生理中性盐　　　(C) 生理碱性盐　　　(D) 生理酸碱盐

3. NO_3^- 还原成 NO_2^- 的过程是由硝酸还原酶催化的,以下选项中非 NR 特性的是( )。

(A)诱导酶 　　　　　　　　(B)多在细胞质中进行

(C)光加速其反应速度 　　　　(D)电子供体为铁氧还蛋白(Fd)

4. 植物处于光补偿点时的光强下,其( )。

(A)净光合速率大于 0 　　　　(B)净光合速率小于 0

(C)净光合速率等于 0 　　　　(D)净光合速率大于或等于 0

5. 具 CAM 途径的植物,其气孔一般是( )。

(A)昼开夜闭　　(B)昼闭夜开　　(C)昼夜均开　　(D)昼夜均闭

6. 绿色植物无氧呼吸的生成物是( )。

(A)CO_2、ATP 　　　　　　(B)ATP、CO_2、C_2H_5OH 或 $CH_3CHOHCOOH$

(C)ATP、$CH_3CHOHCOOH$ 　(D)H_2O、C_2H_5OH、ATP

7. 具有极性运输的植物激素是( )。

(A)IAA 　　(B)GA_3 　　(C)CK 　　(D)ETH

8. 与生长素形成有关的矿质元素是( )。

(A)Fe 　　(B)Zn 　　(C)Mn 　　(D)Mo

9. 光敏色素吸收的光质主要是( )。

(A)红光和远红光　(B)蓝紫光和远红光　(C)蓝紫光和红光　(D)绿光和远红光

10. 赤霉素在大麦种子中的( )产生。

(A)胚乳 　　(B)表皮 　　(C)胚 　　(D)皮层

得分	评阅人

四、判断题(对者打√,错者打×,每小题 1 分,共 10 分)

1. 细胞逆着浓度梯度累积离子的过程叫离子的主动吸收。( )

2. 钾在植物中几乎都呈离子状态。( )

3. 水通道蛋白具有"水泵"功能,利用 ATP 供能提高水分迁移的速率。( )

4. CAM 途径的植物气孔在白天开放时,由 PEP 羧化酶羧化 CO_2,并形成苹果酸贮藏在液泡中。( )

5. 光呼吸和暗呼吸是在性质上根本不同的两个过程。光呼吸的底物是由光合碳循环转化而来的。光呼吸的主要过程是乙醇酸的生物合成及氧化。( )

6. 在组织培养中,诱导形成根或芽是由 CTK 和 IAA 的浓度比(CTK/IAA)决定的。当 CTK/IAA 低时,诱导芽的分化;当 CTK/IAA 高时,诱导根的分化。( )

7. 氮肥和水充足时,植物的根冠比降低。( )

8.光合链中的质体醌是氢和电子传递体。(　　)

9.在短日照条件下,长日植物不可能成花。(　　)

10.矮壮素能抑制植物生长是因为它抑制了生长素的生物合成。(　　　)

得分	评阅人

五、简答题(每小题 4 分,共 20 分)

1.何谓溶液培养?它在管理方面应注意什么?

2.为什么扦插枝条常剪去部分老叶片,保留部分幼叶和芽?

3.为什么"树怕伤皮,不怕烂心"?

4.为什么入冬前树干要刷白?

5.为什么日温较高、夜温较低能提高甜菜、马铃薯的产量?

得分	评阅人

六、论述题(共 20 分)

1.试述干旱引起气孔关闭现象中涉及的生理生化机制。(6分)

2.在生产实践中如何利用光补偿点理论提高净光合速率?举两例说明。(6分)

3.叶片衰老过程中发生哪些生理生化变化?请设计实验证明,并写出本学期你已经做过的相关实验的名称。(8分)

植物生理学模拟试卷Ⅱ参考答案

一、名词解释(每小题 2 分,共 20 分)

1.蒸腾系数:指植物制造 1 g 干物质所需水分的质量(g),也称为需水量。

2.硝酸还原酶:是一种钼黄素蛋白,催化硝酸盐还原成亚硝酸盐。

3.呼吸链:呼吸代谢中间产物的电子,沿着一系列有顺序的电子传递体组成的电子传递途径,传递到分子氧的总轨道。

4.天线色素:在光合作用中,真正能发生光化学反应的光合色素仅占很少一部分,其余的色素分子只起捕获光能的作用,称为天线色素,或称聚光色素,又称捕光色素。

5.激素受体:指能与激素特异地结合,并引起特殊的生理效应的物质。

6.顶端优势:指植物的顶端生长占优势而抑制侧枝或侧根生长的现象。

7.植物的光形态建成:依赖光控制细胞的分化、结构和功能的改变,最终汇集成组织和器官的建成,称为植物的光形态建成,或称光控发育作用。

8.脱落的生长素梯度学说:当远轴端生长素含量高于近轴端时,则抑制脱落;反之则加速脱落。

9.抗性锻炼:植物的抗逆特性需要在特定的不良环境因子的诱导下才能表现出来,这种诱导过程称为抗性锻炼。

10.LEA 蛋白:为胚胎发育晚期丰富蛋白,在种子成熟脱水过程中起保护细胞免受伤害的作用。

二、填空题(每小空 0.5 分,共 20 分)

1. $\psi_w = \psi_s + \psi_p + \psi_m$,增加,下降,纯水。

2. 低,高。

3. 叶绿素,类胡萝卜素。

4. 代谢源,代谢库。

5. 红降现象和双光增益效应(答出一个即可)。

6. 淀粉或糖,苹果酸,细胞液,苹果酸,淀粉或糖。

7. 无氧呼吸消失点(熄灭点),5%~10%。

8. 抑制茎伸长生长,促进茎加粗生长,促进茎的横向生长。

9. 赤霉素,脱落酸。

10. α-NAA(α-萘乙酸);2,4-D;2,4,5-T;吲哚丁酸(IBA)。

11. 离层,纤维素酶,果胶酶。

12. 可溶性糖,可溶性氮,不饱和脂肪酸。

13. 土壤,生理。

14. 饱和脂肪酸,不饱和脂肪酸。(游离脂肪酸,脂肪)

15. 脯氨酸,氨,渗透调节。(答案合理可以给分)

三、单项选择题(每小题 1 分,共 10 分)

1. B 2. B 3. D 4. C 5. B. 6. B 7. A 8. B 9. A 10. D

四、判断题(对者打√,错者打×,每小题 1 分,共 10 分)

1. × 2. √ 3. × 4. × 5. √ 6. × 7. √ 8. √ 9. × 10. ×

五、简答题(每小题 4 分,共 20 分)

1. 何谓溶液培养? 它在管理方面应注意什么?

答:溶液培养是在含有全部或部分营养元素的溶液中栽培植物的方法(2分)。在管理方面补充氧气、补充消耗的营养元素、调节 pH(2分)。

2. 为什么扦插枝条常剪去部分老叶片,保留部分幼叶和芽?

答:剪去部分老叶片降低蒸腾作用(2分),保留的部分幼叶和芽产生生长素促进生根(2分)。

3. 为什么"树怕伤皮,不怕烂心"?

答:皮是韧皮部存在的部位,有机物质正是通过韧皮部向下运输到根部。树剥皮后,韧皮部被破坏,影响了有机物质的运输,时间一长会影响根系的生长,进而影响地上部分的生长,因而有树怕伤皮之说。树心为木质部存在部位,水分和矿质营养可通过木质部向上运输。树心因某种原因受损或者腐烂,一般只伤及已失去输导能力的初生木质部或心材部分,根系吸收的水分和矿质营养仍可通过次(新)生的木质部或边材部分向上运输,不影响植物的生活和生长,因而有不怕烂心之说。

4. 为什么入冬前树干要刷白?

答:入冬前树干刷白的主要目的是防冻害,增加光的反射,避免下雪和冰冻的低温以后,树干温度骤然回升使冰晶迅速融化,伤害植物细胞。另外,可杀死树皮中越冬的虫卵,对预防来年病害的发生,提高植物抗病性有一定的作用。因此,刷白既防冻又杀虫。

5. 为什么日温较高、夜温较低能提高甜菜、马铃薯的产量?

答:日温较高,有利于光合产物积累、转化与运输(2分);夜温低,呼吸消耗少,利于糖分积累,有利于同化物向地下部转移(2分)。

六、论述题(共 20 分)

1. 试述干旱引起气孔关闭现象中涉及的生理生化机制。(6分)

答:(1)干旱时,根合成 ABA,并通过蒸腾流等将逆境信号运输到地上部分(2分)。

(2)ABA 使保卫细胞中外向 K^+ 通道打开,内向 K^+ 通道关闭,(2分)使得保卫细胞 K^+ 浓度下降,水势增加,细胞失水,气孔关闭(2分)。

2. 在生产实践中如何利用光补偿点理论提高净光合速率? 举两例说明。(6分)

答:补充光照、改变光质、提高光强,促进光反应,作物生长在光补偿点以上,增加光合产

物积累,(3分);提高 CO_2 浓度,促进光合暗反应,提高光能转化效率(3分)(答案合理酌情给分)

3. 叶片衰老过程中发生哪些生理生化变化?请设计实验证明,并写出本学期你已经做过的相关实验的名称。(8分)

答:(1)衰老的生理生化变化(4分,写出以下所列的四点)

①光合色素丧失　叶绿素含量不断下降、叶绿素 a/叶绿素 b 降低,最后导致光合能力丧失。

②核酸的变化　RNA 总量下降,DNA 含量也下降,但下降速度较 RNA 慢。

③蛋白质的变化　分解大于合成,游离氨基酸积累,一些水解酶活性增强。

④呼吸作用异常　先下降后上升又迅速下降,但降低速度比光合作用慢。

⑤激素变化　IAA、GA、CTK 等含量减少,ABA、ETH 等含量增加。

⑥细胞结构变化　膜结构破坏,选择透性丧失,细胞自溶而解体。

(2)设计思路(2分)　略。(设计合理可给分)

(3)相关实验名称(2分)　分光光度法测定叶绿素含量;电导率法测定细胞膜透性;细胞膜脂过氧化产物——丙二醛含量的测定;小篮子法测定呼吸速率。

参 考 文 献

[1] 王云生,蔡永萍. 植物生理学. 3 版. 北京：中国农业大学出版社，2019.

[2] 潘瑞帜,王小菁,李娘辉. 植物生理学. 7 版. 北京：高等教育出版社，2012.

[3] 李合生. 现代植物生理学. 3 版. 北京：高等教育出版社，2012.

[4] 王宝山. 植物生理学. 3 版. 北京：科学出版社，2017.

[5] 王忠. 植物生理学. 2 版. 北京：中国农业出版社，2012.

[6] 武维华. 植物生理学. 3 版. 北京：科学出版社，2018.

[7] 张继澍. 植物生理学学习指导与题解. 北京：高等教育出版社，2011.

[8] 王宝山. 植物生理学学习指导. 北京：科学出版社，2008.

[9] 王三根. 植物生理学学习指导与习题集. 北京：科学出版社，2017.